【首批创业板上市公司，股票名称：大禹节水 股票代码：300021】

大禹节水集团股份有限公司始建于2000年，发展至今已成为集节水灌溉材料研发、制造、销售与节水灌溉工程设计、施工、服务为一体的专业化节水灌溉工程系统提供商。于2009年10月公司在创业板成功上市，成为国内第一家专业从事节水灌溉材料供应和工程施工的上市公司。现总市值达30多亿元人民币，总资产达13.3亿元。

公司主营生产滴灌管（带）、喷灌机、施肥器、过滤器和输配水管材、管配件等7大类30多个系列近1500个品种的节水灌溉产品，并承接灌溉工程的设计、产品安装、施工服务等，拥有水利工程设计、咨询、工程勘察设计等六大乙级资质，具备水利工程项目设计及营销能力及水利水电工程二级施工资质，建立有“院士专家工作站”。现辖天津、长春、新疆、内蒙古、酒泉、武威、定西、敦煌、广西、西安等十个节水灌溉生产基地、水利水电工程公司、设计院及近200家营销服务分支机构，从业人员2200多人。产品辐射中国数千万亩节水农田，远销韩国、泰国、南非、澳大利亚、哈萨克斯坦、印度等20多个国家和地区。

公司是国家科技部认定的国家级重点高新技术企业，先后承担实施了国家“863”、“948”、星火、火炬计划等重点科技研究项目30多项，成功开发国家重点新产品11个，拥有 “铜祛根防负压抗堵塞紊流压力补偿地下灌水器”等150多项专利技术。科技成果分获全国工商联科技进步二等奖，甘肃省科技进步一、二等奖。公司坚持“质量是生命，品质大于天”的原则，产品质量达到国内领先和国际先进水平，2011年“大禹”商标被国家工商总局认定为“中国驰名商标”，2012年获得首届“甘肃省人民政府质量奖”。

公司被国家工商总局评为“守合同、重信用”企业，是甘肃省首批星火产业带示范企业。滴灌管、PVC管材等主要产品荣获“甘肃省十大优秀专利”、“甘肃省名牌产品”、用户满意企业等，公司先后被国务院表彰为“全国就业先进企业”，全国总工会授予“全国五一劳动奖状”，国家科技部授予“国家重点高新技术企业”，国家发改委授予“国家高技术产业化示范工程”及“国家高技术产业化十年成就奖”等一百多项荣誉。

集团公司董事长王栋光荣当选中共十八大代表、中华全国工商联第十一届委员会常委、甘肃省工商联副主席。

关于申请入选《全国水利系统优秀产品招标重点推荐目录》的通知

社〔2013〕12 号

各有关单位：

为进一步贯彻落实中央水利 1 号文件和中央水利工作会议精神，同时也为了进一步规范和搭建全国水利系统产品招标和选购工作的媒体平台，为各级水利管理机构提供选购权威、真实、可靠的水利产品。为此，我社邀请水利系统权威专家，结合近年来水利系统投资建设快速增长的趋势，拟编制《全国水利系统优秀产品招标重点推荐目录》（以下简称《目录》），作为全面指导全国水利系统“水利工程建设与招标”的重点选用媒体，并正式公开出版发行。现将有关事项通知如下，请有关单位给予支持。

一、入选要求

1. 企业合法、守信，注册资金不低于 500 万元，成立时间不少于 3 年，企业的产品获得国家专利或省部级有关机构的认可。

2. 入选企业有相应的水行政管理机构的用户推荐信，信誉良好。

3. 入选企业的产品在水利（水务）系统有良好的发展前景。

二、入选类别

①节水灌溉类；②管材管件类；③水工机械类；④泵阀类；⑤水利仪器仪表类；⑥防汛抗旱类；⑦水处理设备材料类；⑧水生态建设类；⑨水利信息系统类；⑩其他类别。

三、专家评审要求

1. 属于国内、国外水利类上市公司的设备与技术优先入选，并免于评审；

2. 获得国家专利和省部级认定（有效期内）的设备与技术免于评审；

3. 其他入选单位的情况，请寄我社，参与评审工作。

四、本《目录》公开出版的意义和作用

1. 本着真实负责的要求，所有申请自愿入编的企业须确保资料的真实可靠性，不得有虚假资料。入选申请评审免费。

2. 为全面提高本媒体的权威性和指导性，本《目录》发行将直接进入我社全国水利厅、局，各市、县水利局的发行网络系统，确保入编企业信息直接传送到全国水利系统各有关单位领导。

3. 我社拟向全国水利系统各有关单位建议：在水利工程建设招标过程中，尽量选用属于国家正式公开出版《全国水利系统优秀产品招标重点推荐目录》中的产品，并作为投标入选条件之一。

4. 入选本《目录》企业将全部入选我社主办的“中国水工设备网”(www.watersb.com.cn) 产品类别数据库，便于水利行业内外各有关单位选用。

中国水利水电出版社

二〇一三年二月二十六日

2013年
全国水利系统优秀产品招标重点推荐目录

本目录水利专家评审委员会
中国水利水电出版社
编

内 容 提 要

本目录汇集了经过水利专家组织评审的水利系统优秀产品。这些产品涉及了节水灌溉类、管材管件类、水工机械与泵阀类、水利仪器仪表类、防汛抗旱类、水处理设备材料类、水生态建设类、水利信息系统类等领域。筛选的这些优秀产品已经广泛地应用于水利工程建设等领域，并且经水利管理机构等用户的积极推荐而入选。本目录的编辑出版将进一步规范和搭建全国水利系统产品招标和选购工作，为各级水利管理机构提供选购权威、真实、可靠的水利产品。

图书在版编目（CIP）数据

2013年全国水利系统优秀产品招标重点推荐目录 / 《2013年全国水利系统优秀产品招标重点推荐目录》水利专家评审委员会，中国水利水电出版社编. -- 北京 : 中国水利水电出版社, 2013.11
ISBN 978-7-5170-1366-2

Ⅰ. ①2… Ⅱ. ①2… ②中… Ⅲ. ①水利系统－招标－工业产品目录－中国 Ⅳ. ①TV

中国版本图书馆CIP数据核字(2013)第261494号

书　　名	**2013年全国水利系统优秀产品招标重点推荐目录**
作　　者	本目录水利专家评审委员会　中国水利水电出版社　编
出版发行	中国水利水电出版社 （北京市海淀区玉渊潭南路1号D座　100038） 网址：www.waterpub.com.cn E-mail：sales@waterpub.com.cn 电话：（010）68367658（发行部）
经　　售	北京科水图书销售中心（零售） 电话：（010）88383994、63202643、68545874 全国各地新华书店和相关出版物销售网点
排　　版	北京中水润科技发展中心
印　　刷	北京博图彩色印刷有限公司
规　　格	210mm×285mm　16开本　10.25印张　261千字
版　　次	2013年11月第1版　2013年11月第1次印刷
定　　价	**30.00**元

前　言

为进一步贯彻落实2011年中央水利1号文件和中央水利工作会议精神，满足近年来水利投资快速增长的需要，规范和搭建全国水利系统优秀产品招标和选购工作的市场准入制度，为各级水利管理机构提供选购质量可靠、性能优异、价格合适的水利产品。结合水利部《水利工程建设项目重要设备材料采购招标投标管理办法》（水建管〔2002〕585号）中有关投标资格的要求，我社组织水利专家，结合企业自身申报，按照一定的评审要求，推荐了一批全国水利优秀产品，并编制《全国水利系统优秀产品招标重点推荐目录》，拟作为指导全国水利工程建设与招标的重点参考媒体，每年公开编辑出版。

因时间紧张、经验不足。书中刊登的企业优秀产品不完善的地方在所难免，也可能不能满足水利工程建设的需要。我们真诚欢迎各级水利管理机构、企业、用户等部门提出积极的宝贵意见，使我们在今后的工作中给予改进！

在此，我们要感谢有关企业单位的积极申报；同时我们更要感谢数十位水利著名专家、院士在百忙之中为我们题词，给我们指点和鞭策！

目　录

防汛抗旱类

水处理设备材料类

水生态建设类

水利信息系统类

水利专家题词（排名不分先后）

服务于水利建设
有利于水利工程质量

朱伯芳

中国工程院院士

努力把《目录》办好，
为水利建设增添正能量。

王浩

中国工程院院士

民生水利，离不开水利优秀产品。

任光照

水利部水资源司原副司长、教授级高工

水利优秀产品，为水利现代化服务。

焦得生

水利部原水文司司长、教授级高工

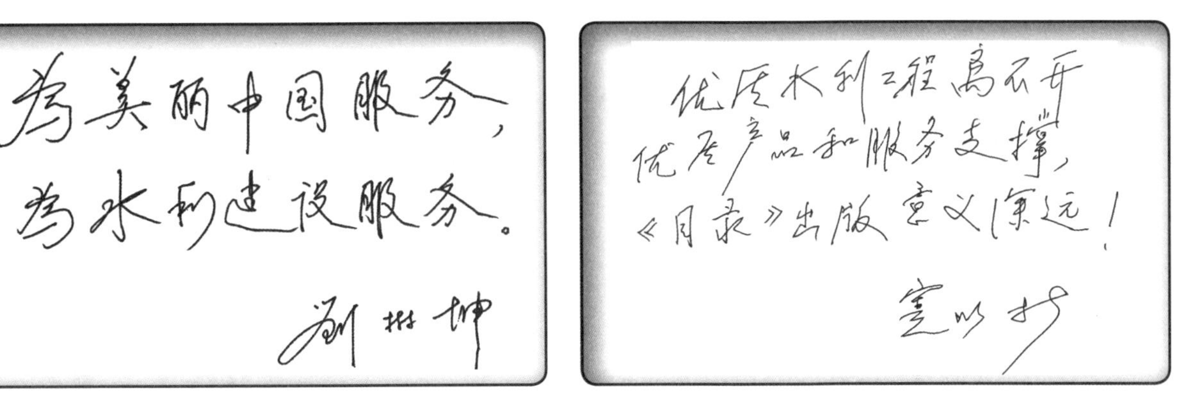

中国水利院教授级高工

中国水利教育协会原副理事长、教授级高工

多采购水利优秀
产品，利国利民

水利部农水司原司长、教授级高工

研发高效节能减排新产品与新技术
为实现中国水利现代化做出贡献

水利部水规总院原副总工、教授级高工

筛选优秀产品，努力打造水利精品工程

中国水科院水利所副所长、教授级高工

让我们共同努力，为美丽中国服务。

周怀东

中国水利院水环境所所长、教授级高工

祝月刊越办越好

李代鑫

水利部农水司原司长、教授级高工

水利现代化需要更多优秀产品

乔世珊

水利部国科司原巡视员、教授级高工

甘肃大禹节水集团股份有限公司

公司简介

甘肃大禹节水集团股份有限公司创建于2000年，发展至今已成为集节水灌溉材料研发、制造、销售与节水灌溉工程设计、施工、服务于一体的专业化节水灌溉工程系统提供商，国内规模最大、品种最全、技术水平最高、实力最强的行业龙头企业。现辖天津、兰州、新疆、内蒙古、酒泉、武威、定西等八大节水灌溉产品生产基地、水利水电工程公司、设计院和近百家海内外营销服务分支机构，水利水电工程公司具有国家水电工程二级施工资质，设计院具有节水灌溉丙级设计资质。从业人员2000多人。2009年10月公司在创业板成功上市，成为国内第一家专业从事节水灌溉材料供应和工程施工的上市公司。股票名称：大禹节水，股票代码：300021。现总市值达30多亿元。

公司主营生产滴灌管（带）、施肥器、过滤器和输配水管材等5大类20多个系列近1000个品种的节水灌溉器材，年产滴灌管（带）25.6亿m、管材8.3万t、管件40t、施肥过滤及自控系统1万台（套），产品辐射中国数千万亩节水农田，远销中东、美国、韩国、泰国、南非、澳大利亚、印度、欧洲、非洲等20多个国家和地区。

甘肃大禹节水集团公司是国家科技部认定的国家级重点高新技术企业，已承担实施国家“863”计划、“948”计划、星火计划、火炬计划等重点科技研究项目30多项，先后成功开发国家重点新产品3个，拥有“压力补偿滴头”等45项科技成果。公司始终坚持“质量是生命，品质大于天”的原则，使产品质量达到国内领先和国际先进水平，2003年通过ISO9001：2000标准质量管理体系认证。建设完成国家西部专项、国家农业科技成果转化、日协贷款节水灌溉工程等产业化推广发展项目20多项，在节水灌溉科技创新、高新技术产品研发出口和产学研一体化建设等方面取得了显著的成效。

优秀产品推荐

一、过滤器

（1）砂石过滤器。砂石过滤器采用新型结构，体积小，三维过滤效率高，可实现全自动清洗，使用方便。该结构为公司专利产品。

（2）离心过滤器。高效水砂分离器，通过高速水流分离小颗粒杂质效率达到95%～98%，内外壁采用静电喷塑、喷漆防锈处理，使用寿命长，维护量少，使用方便。

（3）叠片过滤器。采用新型的V形沟槽结构，过滤效率高，安全可靠。叠片生产技术已达到国内先进水平，为公司专利技术。

（4）滤网过滤器。采用模块化设计，方便更换。滤网材质为优质不锈钢，耐磨耐腐蚀，减少更换频率。

二、PVC/PE管件

本公司自主研发生产各类U-PVC管件、PE管件及胶圈产品，产品种类丰富，配套设施齐全。生产的产品有变径、直接、活接、三通类、四通类、PE堵头、弯头类等几十种管件产品。

产品与各种输配水管材相配合，性能可靠、稳定。适用于城乡输配水、农业灌溉节水系统。

三、聚乙烯（PE）管材

本产品无毒、管壁光滑、阻力小，吸水率低、不结垢，有一定耐磨性等特点。适用于建筑物内外压力输水及饮用水、滴灌和喷灌系统。

四、聚氯乙烯（PVC-U）管材

本产品具有强度高、无毒、流体阻力小、安装方便、易于贮存运输等特点。管材和管件采用橡胶密封圈或溶剂粘接密封，安全可靠。适用用于城乡市政供水系统。

五、单翼迷宫式滴灌带

本产品采用迷宫式流道，具有一定的压力补偿作用；耐环境应力开裂性能较好。主要用于节水灌溉系统，可通过管道系统供水，使灌溉水成滴状，均匀、定时、定量的浸润作物根系发育区域，具有省肥、省工及提高作物产量的作用。

六、内镶贴片式滴灌管（带）

本产品安装、运输、使用方便、工程价格低、节水效率明显等特点。适合大田条播作物，大棚蔬菜及花卉、果树种植等。

砂石过滤器

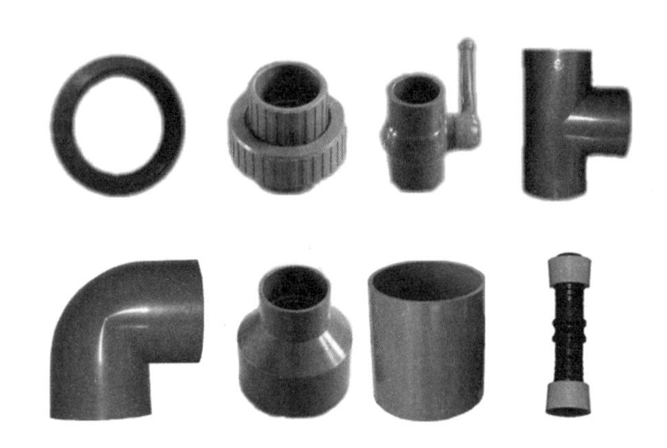

聚乙烯（PE）管材

离心＋叠片手动组合式过滤器

给水用PVC管材

单位名称：甘肃大禹节水集团股份有限公司

单位地址：甘肃省酒泉市解放路290号

联 系 人：薛瑞清

邮政编码：735000

联系电话：0937-2689458

传　　真：

网　　址：http://www.gsdyjsgs.com

E-mail：13359430255@189.cn

新疆中企宏邦节水（集团）股份有限公司

公司简介

新疆中企宏邦节水（集团）股份有限公司前身为喀什宏邦节水灌溉设备工程有限公司，公司目前拥有 11 家子公司、3 家分公司，分布在新疆、宁夏、内蒙古地区，总资产近 4.5 亿元，是新疆维吾尔自治区第二批重点培育拟上市企业之一。

公司是以农业节水产品作为纽带的综合服务商，集研发、生产、销售、施工及售后服务于一体的集成性企业，主要产品有滴灌带、PVC 管、HDPE 管、大棚膜、农用地膜、灌溉自动化设备、防老化添加料等，公司拥有百余条先进的单翼迷宫式滴灌带生产线、10 条给水用 HDPE 聚乙烯管材生产线、20 条 PVC 管材生产线、2 条棚膜生产线、10 条农用地膜生产线。公司技术力量、资产规模以及服务水平在国内均名列前茅。

多年来，公司以贴近市场、就近服务的理念，合理布点，逐步建立了覆盖南疆、北疆的生产、销售、施工和服务网点。公司通过引进先进的生产工艺、施工技术，先后在喀什、阿克苏、克州、库尔勒、阿勒泰、伊犁、和田以及新疆生产建设兵团等区域从事棉花、林果等节水工程面积达 100 余万亩，公司产品覆盖和服务节水灌溉面积近 300 万亩，公司工程业务和产品销售已成功延伸至疆外内蒙古、宁夏区域。

公司取得了新疆维吾尔自治区水利厅农业节水灌溉专业工程一级施工资质，通过了 ISO9000 质量体系认证和 ISO14000 环境体系认证、公司所营产品均通过水利部节水产品认证。

作为新疆区内发展最快、管理最规范、最优秀的农业节水灌溉系统集成服务企业先行者，公司先后被评为中国低碳排放标杆企业（全国仅有四家）、新疆第二届最具成长力百强企业、2011 年新疆最具成长力十强企业、新疆维吾尔自治区第二批重点培育拟上市企业、新疆维吾尔自治区 2010 年度重点扶贫龙头企业、喀什地区农业产业化重点龙头企业、金水滴中国灌溉行业最具投资价值企业 10 强、中国灌溉行业知名企业 20 强、2011 品牌中国金谱奖等荣誉。

优秀产品推荐

一、单翼迷宫式滴灌带（又名：边缝式滴灌带）

1. 产品特点

（1）出流量小、均匀、稳定，对压力变化的敏感性小。

（2）抗堵塞性能好。抗堵塞性能好的滴头，不但能够保证系统运行的可靠性，而且可以简化过滤装置结构，降低水质处理所需的高昂费用。

单翼迷宫式滴灌带

（3）结构简单，便于制造、铺设和安装。

（4）价格低廉。滴灌带占滴灌系统总投资的 30% ～ 40% 左右。滴灌产品的用户是农民，中国农村经济相对落后，农业产值较低，农民的经济承受能力较弱，因此只有开发价格低廉，农民用得起的产品才有推广前景。

（5）制造精度高。

（6）便于运输和施工安装、节省投资。

2. 应用范围及效益

该产品适用于大田作物、温室蔬菜及花卉果木等的种植。缓解农业生态资源浪费、有效提高农民经济收入，服务三农造福三农。

二、低压输水灌溉用聚乙烯（PE 软带、PE 软管、纳米级 PE 管）

低压输水灌溉用聚乙烯

1. 产品特点

（1）抗耐磨性好、无毒、抗紫外线、柔韧性好。

（2）添加抗老化剂、使用寿命长、耐腐蚀。

（3）适应多种地形、气候变化。

（4）具备接口稳定可靠、材料抗冲击、抗开裂、耐老化、耐腐蚀等一系列优点。

2. 应用范围及效益

该产品适合各种类型灌区的田间灌溉，广泛用于城镇、乡村给排水工程。既可代替毛渠减少田间输水损失，又可严格控制调节田间灌溉用水量；将田间输水和田间灌水控制系统集为一体；低能耗、低投入、低灌溉成本、高标准节水和高效益；管道化输水与田间节水技术相结合，减少国家资源浪费，增加农民收入。

三、给水用聚乙烯（PE）管材

1. 产品特点

（1）连接可靠、低温抗冲击性好。聚乙烯的低温脆化温度极低，可在－50～50℃温度范围内安全使用。

（2）抗应力开裂性好。具有低的缺口敏感性、高的剪切强度和优异的抗刮痕能力，耐环境应力开裂性能也非常突出。

（3）耐化学腐蚀性好。土壤中存在的化学物质不会对管道造成任何降解作用。

给水用聚乙烯（PE）管材

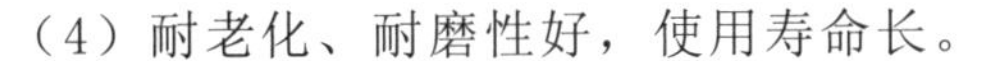

（4）耐老化、耐磨性好，使用寿命长。

（5）水流阻力小。管道具有光滑的内表面，降低了管路的压力损失和输水能耗。

2. 应用范围及效益

该产品广泛用于城镇、乡村给排水工程。具有环保、节能、较高的经济性使用价值。

四、聚乙烯吹塑农用地面覆盖薄膜

1. 产品特点

（1）提高地温。利用透明地膜覆盖，一般可使 5cm 深表土层温度提高 3～6℃，提高地温有利于早春蔬菜定植后迅速缓苗和促进根系生长。

（2）用于地面覆盖，以提高土壤温度，保持土壤水分，维持土壤结构，防止害虫侵袭作物和某些微生物引起的病害等，促进植物生长的功能。

聚乙烯吹塑农用地面覆盖薄膜

2. 应用范围及效益

该产品适用于大田作物，蔬菜及花卉果木等的增温。为作物增产、增值，改善和提高人民的生活水平。

五、农业用聚乙烯吹塑棚膜

1. 产品特点

（1）改善塑料棚膜内植物的光合作用，提高塑料大棚的光能利用率。

（2）提高植物品质，如提高瓜果甜度、美化花木色泽。

（3）保温、保湿、抗灾，缩短生产周期等。

2. 应用范围及效益

该产品适用于大棚构造，蔬菜及花卉果木、观光棚等。棚膜创造冬日里的神话，提高植物品质，早熟、增产、增收，造福百姓生活质量。

农业用聚乙烯吹塑棚膜

六、低压输水灌溉用硬聚氯乙烯（PVC-U）管材

1. 产品特点

（1）质量轻。塑料管的密度是铸铁管的1/5，是混凝土管的1/3，可以套装，便于运输，安装方便，施工费用与传统管相比，可降低30%～50%的费用。

（2）耐腐蚀。塑料管道不需做任何防腐处理，可用做含有盐碱土质的给水管道，可用于化工管道输送带有酸、碱、性质的介质。

（3）流体阻力小。塑料管道的粗糙系数是0.008；铸铁管的粗糙系数是0.013，混凝土管的粗糙系数是0.014。

（4）使用寿命长。铸铁管的使用寿命为30年，塑料管的使用寿命为50年，一条塑料管道几乎等于两条铸铁管的寿命。

（5）卫生性能好。能防止水源的二次污染，且永不结垢。

2. 应用范围及效益

该产品广泛用于工业给水、民用给水、灌溉、植被浇水等。具有节能、环保、降低成本等效果。

七、给水用硬聚氯乙烯（PVC-U）管材

1. 产品特点

（1）质量轻。塑料管的密度是铸铁管的1/5，是混凝土管的1/3，可以套装，便于运输，搬运装卸便利、安装方便，施工费用与传统管相比，可降低30%～50%的费用。

（2）耐腐蚀。具有良好的耐酸、耐碱、耐化学腐蚀性能，使用中不会出现点蚀现象。

（3）流体阻力小。管材内外壁光滑，节省输水动力损失。塑料管道的粗糙系数是0.008；铸铁管的粗糙系数是0.013，混凝土管的粗糙系数是0.014。

PVC-U管材

（4）使用寿命长。铸铁管的使用寿命为30年，塑料管的使用寿命为50年，一条塑料管道几乎等于两条铸铁管的寿命。

（5）卫生性能好。适用于压力下输送饮用水和一般用途水，水温不超过45℃。能防止水源的二次污染，且永不结垢。

2. 应用范围及效益

该产品适用于建筑物内或外埋地给水川硬聚氯乙烯管材等。具有节能、环保、降低成本等效果。

八、给水用抗冲改性聚氯乙烯（PVC-M）管材

1. 产品特点

（1）质量轻。塑料管的密度是铸铁管的1/5，是混凝土管的1/3，可以套装，便于运输，搬运装卸便利、安装方便，施工费用与传统管相比，可降低30%～50%的费用。

（2）耐腐蚀。具有良好的耐酸、耐碱、耐化学腐蚀性能，使用中不会出现点蚀现象。

PVC-M 管材

（3）流体阻力小。管材内外壁光滑，节省输水动力损失。塑料管道的粗糙系数是 0.008；铸铁管的粗糙系数是 0.013，混凝土管的粗糙系数是 0.014。

（4）使用寿命长。铸铁管的使用寿命为 30 年，塑料管的使用寿命不低于 50 年，一条塑料管道几乎等于两条铸铁管的寿命。

（5）卫生性能好。适用于常温常压生活饮用水。能防止水源的二次污染，且永不结垢。

2. 应用范围及效益

该产品可广泛应用于市镇生活用水管网输送水。具有节能、环保、降低成本等效果。

PVC 管道安装

隐藏工程验收

首部过滤器安装

首部水泵设备安装

机械回填

单位名称：新疆中企宏邦节水（集团）股份有限公司

单位地址：新疆乌鲁木齐市北京南路 442 号新发大厦 24 层

联 系 人：马婷　　邮政编码：830011

联系电话：0991-6568750　　传　　真：0991-3687536

网　　址：www.hongbangjieshui.com　　E-mail：277696924@qq.com

内蒙古嘉利节水灌溉有限责任公司

公司简介

内蒙古嘉利节水灌溉有限责任公司（原称为：苏尼特右旗嘉利农牧机械有限责任公司）始建于1993年，于2002年正式注册成立了有限责任公司，现注册资金1000万元人民币，拥有员工72余人，企业法人代表：唐嘉利。公司位于锡盟赛汉塔拉工业园区，占地1万m^2，建筑面积4600m^2，资产总额3200万元。企业专门设计制造与销售各种现代节水灌溉系统及设备，是本地区最大的滴灌设备，微小型喷灌设备及电动圆形喷灌机制造与供应商。

公司在呼和浩特市设有办事处，在黑龙江省、乌兰察布市商都、河北任丘设有销售公司和生产厂。2010荣获"全国质量诚信AAA级品牌会员企业"荣誉称号，被内蒙古自治区13家单位联合评为"诚信企业"公司，董事长荣获内蒙古自治区"诚信人物"，企业近年先后荣获"先进企业、社会捐资，博爱助学、爱心企业"等多项荣誉称号。

优秀产品推荐

电动圆形喷灌机

一、电动圆形喷灌机

1.产品简介

电动圆形喷灌机是一种高效的新型喷灌机具，与传统的灌机方式相同，是农业机械化最大的发明之一。它使旱区或半旱区的农牧业种植作物产量大幅度提高，该机普遍用于玉米、谷物、棉花、土豆和苜蓉等作物，也能喷灌果树、苗圃，还可以兼喷化肥、农药和除草剂。具有喷洒均匀、节能、节水和自动化程度高以及对作物、地形适应性强、总投资低等特点。它不仅解决了水土流失问题，而且能大幅度提高农作物的产量和质量。最大限度地实现了对水资源和劳动力的节约。

2.产品特点

现代灌溉系统必须要做到节约水资源，节约能源并出色地完成灌溉工作。电动圆形喷灌机同其他灌溉方式相比，具有以下特点：

（1）灌溉面积大、质量好。

（2）旋转半径越大，单位面积所需的成本越低。

（3）全自动的中心支轴系统能够在较少的投资和时间内灌溉最大量的土地，无需人力或牵引车，提高了劳动效率。

（4）不需要开渠筑堤只需井水、河渠、湖泊等水源，低水压运行。

（5）极大地提高了水资源利用率，比传统用水方式节约农业用水45%以上，增产增值20%～50%。

公司生产的电动圆形喷灌机是吸收了国内外同类产品的现金技术和近期科研成果自行研制的，

它是代表国内先进技术的新一代喷灌机具。

3. 技术参数

见表 1。

表 1　　技　术　参　数

<table>
<tr><td colspan="2">项目</td><td>单位</td><td colspan="2">参数</td></tr>
<tr><td colspan="2">名称型号</td><td>—</td><td>DYP-456</td><td>DYP-325</td></tr>
<tr><td colspan="2">结构型式</td><td>—</td><td colspan="2">圆形（桁架）</td></tr>
<tr><td rowspan="3">配套水泵</td><td>名称型号</td><td>—</td><td colspan="2">YQS200 井用三相异步电动机</td></tr>
<tr><td>流量</td><td>m³/h</td><td colspan="2">80～240</td></tr>
<tr><td>扬程</td><td>m</td><td colspan="2">54～125</td></tr>
<tr><td colspan="2">整机长度</td><td>m</td><td>456</td><td>325</td></tr>
<tr><td colspan="2">入机流量</td><td>m³/h</td><td colspan="2">80～240</td></tr>
<tr><td colspan="2">工作压力范围</td><td>MPa</td><td colspan="2">0.16～0.45</td></tr>
<tr><td colspan="2">塔架数量（跨数）</td><td>个</td><td>7</td><td>5</td></tr>
<tr><td rowspan="6">喷射装置</td><td>型号、型式</td><td>—</td><td colspan="2">D-3000</td></tr>
<tr><td>流量</td><td>m³/h</td><td colspan="2">80～240</td></tr>
<tr><td>压力</td><td>MPa</td><td colspan="2">0.081～0.28</td></tr>
<tr><td>射程</td><td>m</td><td colspan="2">9</td></tr>
<tr><td>数量</td><td>个</td><td>220</td><td>150</td></tr>
<tr><td>距地面高度</td><td>m</td><td colspan="2">1.5</td></tr>
<tr><td rowspan="3">电机减速器</td><td>名称型号</td><td>—</td><td colspan="2">LFNG15-43</td></tr>
<tr><td>额定功率</td><td>kW</td><td colspan="2">0.8832(1.2 马力)</td></tr>
<tr><td>额定转速</td><td>r/min</td><td colspan="2">35</td></tr>
<tr><td rowspan="2">塔架车</td><td>型式</td><td>—</td><td colspan="2">角钢支撑</td></tr>
<tr><td>行走速度</td><td>m/min</td><td colspan="2">2.7</td></tr>
<tr><td rowspan="3">行走轮</td><td>型式</td><td>—</td><td colspan="2">胶轮</td></tr>
<tr><td>轮胎型号</td><td>—</td><td colspan="2">14.9～24</td></tr>
<tr><td>轮胎外直径</td><td>mm</td><td colspan="2">1250</td></tr>
<tr><td rowspan="2">桁架</td><td>型式</td><td>—</td><td colspan="2">拱形</td></tr>
<tr><td>长度（跨距）</td><td>m</td><td colspan="2">60</td></tr>
<tr><td rowspan="2">主输水管</td><td>外径</td><td>mm</td><td colspan="2">165</td></tr>
<tr><td>壁厚</td><td>mm</td><td colspan="2">3.5</td></tr>
<tr><td colspan="2">水量分布均匀性</td><td>%</td><td colspan="2">80</td></tr>
<tr><td colspan="2">灌水深度</td><td>mm</td><td colspan="2">6～60</td></tr>
<tr><td colspan="2">作业小时生产率</td><td>(h m²·mm)/h</td><td colspan="2">≥8</td></tr>
<tr><td colspan="2">单位能源消耗量</td><td>(kW·h)/(h·mm)</td><td colspan="2">≤1.4</td></tr>
</table>

二、8LWDG-50 型滴灌设备

1. 产品简介

公司以质量第一、用户至上为宗旨，坚持以人为本，锐意创新，树立全新的经营理念，以推广适合我国国情的节水灌溉设备和技术为目的，向用户提供滴灌带、微喷头、首部过滤设备等系列成套产品，并且提供节水灌溉工程的规划、设计、概预算编制、施工安装、管理运行及农艺、生物等全方位配套的成熟技术，以良好的售后服务为用户提供完善的质量保证体系。

公司的主导产品滴灌管、带是采用进口挤出生产线生产，它内置迷宫式滴头，具有抗老化、耐腐蚀、抗堵塞、出水均匀、工作压力范围广、系统运行稳定的特点。该产品通过水利部检测中心检测全部合格，为A级产品。

8LWDG-50型滴灌设备

2. 技术参数

见表2。

表2　　技　术　参　数

产品名称及型号	单位	滴灌设备
首部系统	—	离心过滤器＋网式过滤器
过滤器组成及数量	—	1～4
过滤器型式（立式、卧式）		立式
灌溉控制亩数	亩	300
滴灌管材质	—	聚乙烯
单位滴灌管（滴灌带）额定流量	L/h	1.38～2.8
干管额定工作压力	MPa	0.63
滴灌管（滴灌带）额定工作压力（公称压力）	MPa	0.1
滴灌管（滴灌带）外径	mm	16
地光管（滴灌带）壁厚	mm	0.2
滴灌管（滴灌带）滴头间距	mm	300
滴灌管（滴灌带）安装方式	—	螺纹锁紧
滴灌管（滴灌带）类型	—	内镶式
施肥灌容积	L	150～200
过滤器冲洗方式	—	手动
管件连接方式	—	螺纹锁紧
干管插口方式	—	承插

3. 应用领域

滴灌是一种先进的节水灌溉技术，具有省水、省工、省肥、保持水土、增收增产等优点，可广泛用于大田、温室蔬菜、果树、葡萄、花卉、苗圃等各种经济作物的膜上（膜下）灌溉设备。

12DP-30型微小型喷灌设备

三、12DP-30型微小型喷灌设备

1. 产品简介

12DP-3型微小型喷灌设备用于粮田、蔬菜、果园、林场、苗圃、花卉及各种作物的灌水、降温、防霜，也可以用于田间施肥、喷洒农药，鱼池增氧、草地养护。该设备可用于丘陵、平原、坡地等各种地形及不同土壤的灌溉，还可用于喷洒煤场、草坪、林园及运动场地，是美化环境、清洁场地的方便设施。

2. 技术参数

（1）配套动力：4 ～ 15kW。

（2）系统长度：20 ～ 400m。

（3）喷头间距：20m。

（4）输水管直径（外径）：110mm。

（5）控制面积：0.13 ～ 2.50m^2/h。

（6）灌机流量：4 ～ 80m^3/h。

公司厂房（1）

公司厂房（2）

安装现场

公司厂貌

单位名称：内蒙古嘉利节水灌溉有限责任公司

单位地址：内蒙古锡林郭勒盟苏尼特右旗赛汉塔工业园区

联 系 人：张华萍　　　　邮政编码：011200

联系电话：0479-7223330　　　　传　　真：0479-7222033

网　　址：http://www.nmjiali.com　　　　E-mail：jialigsbgs@163.com

黑龙江伊尔灌溉设备有限公司

公司简介

法国伊尔灌溉公司在中国哈尔滨注册成立外商独资企业——黑龙江伊尔灌溉设备有限公司，工厂总占地面积为50000m^2。黑龙江伊尔灌溉设备有限公司通过从法国引进先进的生产设备和技术经验，在中国进行灌溉设备卷盘式喷灌机的研发、生产、加工、销售、安装、维修，相关设备的技术咨询和服务，上述设备的进口贸易，绿化工程及咨询服务。

自20世纪90年代法国伊尔灌溉公司第一台喷灌机引进到中国市场，公司经过二十几年的努力，在中国销售、安装、调试的设备已达到3000多台（套），灌溉约190万余亩农田土地，遍及黑龙江、内蒙古、新疆、宁夏、吉林、山西、山东、甘肃、北京、河南、河北、陕西等十几个省、自治区、直辖市及地区，同时配套完善的售后服务体系。

优秀产品推荐

一、中心支轴式喷灌机

1.产品简介

中心支轴喷灌机

中心支轴式喷灌机又称指针式或圆形喷灌机。它的喷水管（支管）由一节一节的薄壁镀锌钢管连接而成，其上按一定要求布置有许多低压喷头。主要适用于大面积的农业灌溉。它具有经济、高效、坚固耐用和操作简便的特点。长长的、多跨式连接臂围绕着自身固定的中心圆形旋转，循环灌溉土地，根据跨的数目和长度，直径可长达1200m长。

中心支轴式喷灌机投入现代农业生产后发展很快，在大型喷灌机中占有很高的比例。其具有喷洒质量好、自动化程度高、土地利用效率高、综合利用好、适应性强、不需很多地面工程设施等优点。

中心支轴式喷灌机工作时，由固定式或移动式输水管给水栓送水，也有的就在支轴中心处打机井，直接由水泵抽取机井中的水供水。压力水由中心支轴下端进入，经支管到各个喷头喷洒到田间，驱动机构带动各塔架的行走机构，使整个喷洒支管绕中心支轴做缓慢的转动，实现行走喷洒。

中心支轴式喷灌机喷洒图形为圆形，对于正方形耕地，四个角上不能受水，为了补救，以提高土地利用率，一种方法是在末端加远射程喷头，当机组转至地角时，用自动启闭阀门和升压泵启动远射程喷头对地角做扇形喷洒。另一种方法是在末端塔架设角臂装置，多加一段支管和一个塔架，角臂平时收靠在末端塔架的支管旁边，当机组转向地角时，角臂逐渐收回，角臂上的喷头自动停止工作。角臂的伸出与回收是由自动控制系统控制的。但增加角臂会使整机的造价增加很多，所以使用角臂的并不多。如果是大面积的喷灌，可布置多台中心支轴式喷灌机，并布置成三角形，这样可大大减少喷洒不到的地块。在喷洒不到的地块上也可布置其他田间设施和建筑，此时就不用设置角臂装置了。

2. 产品特点

（1）广泛适用于牧草、谷物、蔬菜、玉米等各种农作物的灌溉。

（2）使用寿命长达20年以上。

（3）控制面积越大单位面积成本越低。

（4）智能远程控制系统。使用智能功能可以在全球任意位置通过手机或电脑开启喷灌机与水泵；进行土壤湿度监测、压力传感、流量传感；可远程查看土壤湿度、动态了解设备压力与流量；RFID自动停机系统：可实现设备检测信号自动停机或回转，防止设备互相碰撞或撞上障碍物而造成损坏。

（5）GPS定位、农业数据采集、建立农业信息数据库、自动化施肥、打药管理、灌溉互联网农业作物种植情况、灾害监控以及设备防盗；真正实现本地控制与远程控制相结合，节省人力和时间成本。

二、平移式喷灌机

1. 产品简介

平移式喷灌机外形和中心支轴式喷灌机很相似，由十几个塔架支承一根很长的喷洒支管，一边行走一边喷洒。但它的运动方式和中心支轴式不同，中心支轴式的支管是转动，而平移式的支管是横向平移。

平移式喷灌机

2. 产品特点

（1）广泛适用于牧草、谷物、蔬菜、玉米等各种农作物的灌溉。

（2）使用寿命长达20年以上。

（3）智能远程控制系统。使用智能功能可以在全球任意位置通过手机或电脑开启喷灌机与水泵；进行土壤湿度监测、压力传感、流量传感：可远程查看土壤湿度、动态了解设备压力与流量；RFID自动停机系统：可实现设备检测信号自动停机或回转，防止设备互相碰撞或撞上障碍物而造成损坏。

（4）GPS定位、农业数据采集、建立农业信息数据库、自动化施肥、打药管理、灌溉互联网农业作物种植情况、灾害监控以及设备防盗；真正实现本地控制与远程控制相结合，节省人力和时间成本。

三、卷盘式喷灌机

卷盘式式喷灌机是一种将牵引软管缠绕在绞盘上，利用压力水或其他动力机械驱动卷盘旋转，并牵引喷头车移动和喷洒的喷灌机械。它由喷头车、牵引软管、绞盘、底盘、支架、驱动机构、变速系统、牵引软管导向装置、调速装置、安全保护系统和输水连接软管等组成。

卷盘式喷灌机

（1）喷头车。支撑喷头并拖动喷头在田间喷洒移动，由喷头（一般采用换向摇臂式喷头）、支架、行走轮、配重、固定调节件、连接件以及管件组成。

（2）牵引软管。输送压力水、牵引喷头车在田间移动。牵引软管由特质聚乙烯制造，应具有较高的强度、弹性和耐磨性能。

（3）卷盘。缠绕牵引软管。

（4）底盘和支架。起支撑和转移作用。底盘分为固定式和旋转式两种。

（5）驱动机构。水涡轮驱动机构由水涡轮等部件组成，工作过程无弃水，产生驱动力使绞盘旋转，拖动喷头车。

（6）变速系统。调整绞盘转速。

（7）牵引软管导向装置。引导牵引软管有规律地缠绕在绞盘上。

（8）调速装置。在喷洒时保持喷头车均匀移动。

（9）安全保护装置。喷洒到位后使卷盘自动停止旋转。

（10）输水连接软管。将压力水输送到卷盘式喷灌机入口。

工程实例

（1）内蒙古科左中旗小型农田水利重点县建设项目（2010 年度）设备材料采购。

（2）2011年内蒙古牧区节水灌溉饲草地建设项目（喷灌机设备采购及安装）。

（3）海伦市2012年“节水增粮行动”工程。

伊尔中心支轴式喷灌机服务于内蒙古通辽草地生态建设项目

伊尔卷盘式喷灌机应用场景

伊尔平移式喷灌机服务于黑龙江节水增粮项目

冲压机

铣床

剪板机

折弯机

单位名称：黑龙江伊尔灌溉设备有限公司
单位地址：黑龙江省哈尔滨市双城市新兴工业园区
联 系 人：于艳冬　　邮政编码：150137
联系电话：4000772616　　传　　真：010-84763753
网　　址：http://www.irrifrance.cn　　E-mail：contact@irrifrance.cn

赤峰天源生态建设有限公司

公司简介

赤峰天源生态建设有限公司组建于2007年，公司注册资本4000万元，是以生产节水灌溉设备产品为主的专业生产企业。

公司成立至今，始终坚持“以人为本，生态优先、面向社会、服务三农”的经营理念。

公司主要产品：各类电动圆形喷灌机、卷盘式喷灌机、滴灌带、滴灌管、涂塑带、滴灌用离心过滤器、打草机、植树机、开沟犁等十多种农牧业机械产品。公司产品畅销内蒙古自治区内外、远销蒙古国。喷灌机、打草机等部分产品列入内蒙古自治区农机补贴产品名录。

公司同时经营林业种子、苗木、绿化工程规划设计与施工。

公司灵活的营销手段、双赢的产品价格及多种合作方式，将给用户提供满意的选择和周到的服务。

优秀产品推荐

一、滴灌系统

1.产品简介

公司将滴灌技术配合首部枢纽、输入配水管网，水资源可持续利用的供水技术，研制开发出来具有保墒、提墒、灭草、提高地温等特点的全套滴灌产品。

滴灌的局部灌溉，另有高频灌溉不破坏土壤团粒结构、灌溉均匀、无渗漏等优点。与普通耕种对比，具有节约水电、节省肥料和农药、节省劳动力、增强作物抵抗力、提高产量和质量等优势，被公认为当今田间灌溉最为节省的灌溉设备。

公司完善的质量管理体系、先进的技术支持和设计施工团队，能保证工程顺利开展，达到让客户满意的效果。

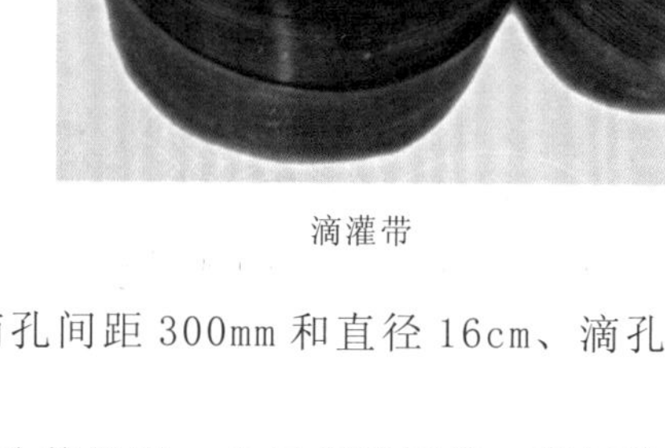
滴灌带

2.适用范围

（1）用于玉米、高粱、土豆、棉花、中草药、西瓜、大田蔬菜等所有大田作物，方便管理，提高产量。公司有直径16cm、滴孔间距300mm和直径16cm、滴孔间距150mm滴灌带可供选择。

（2）用于经济林、果树灌溉，可有效提高产量及生长速度，改善品质。公司有滴灌管、稳压滴头2～15L等多种型号可供选择。

（3）用于温室、大棚作物的种植，减少病虫害，节省化肥农药，提高经济效益。公司有直径12cm、滴孔间距300mm和直径12cm、滴孔间距150mm滴灌带可供选择。

指针式喷灌机

二、指针式喷灌机

电动圆形喷灌机核心结构由热镀锌钢管、角钢、钢板、圆钢等制造而成，所有金属部件均经过热浸镀锌处理，所有电器原件均由国际先进的厂家提供，使用寿命长。主控系统自动控制喷灌机各运行部位，设有故障位置显示功能，使用安全可靠。配套动力电源可用电网或柴油发电机组以及风能和太阳能等环保电力。

喷灌机的中心支架固定在水泥基座上，装有接井入水口、电路和控制系统，桁架和行走系统围绕中心支架旋转进行喷灌作业。整机配置合理，能很好地消除掉由于机器在各种不规则地形上运转时产生的作用力，从而使给整机自由地转动，灌溉整块圆形土地。

敖汉喷灌机项目

宁城玉米膜下滴灌

天山喷灌机项目

玉米膜下滴灌

单位名称：赤峰天源生态建设有限公司
单位地址：内蒙古赤峰市元宝山区平庄内环北路东段
联 系 人：计德福
邮政编码：024076
联系电话：0476-2232669
传　　真：0476-2232668
网　　址：http://www.tystjs.com
E-mail：cftyst@126.com

倍爱斯（天津）灌溉设备有限公司

公司简介

倍爱斯（天津）灌溉设备有限公司是始创于1932年的美国倍爱斯（Pierce Corporation）为了实现将最先进环保的美国灌溉技术带到中国的使命，由财力雄厚的母公司沙特阿克霍瑞夫（Alkhorayef）工业集团2011年6月1日与天津桑瑞斯电梯部件有限公司在中国设立的中外合资公司，公司提供节水灌溉整体解决方案，灌溉设备技术和研发，农业灌溉设备及配件的生产、销售和技术咨询服务。

优秀产品推荐

一、中心支轴式喷灌机

1. 产品特点

（1）加宽中心支点。标准化的中心点安装尺寸以方便安装各种现有的地基。

（2）结构上配有额外的交叉连接支撑使跨距可达到203.5ft（62m）。

（3）抗侧翻塔架。管拉筋作为跨体和塔架的缓冲装置，降低了整个跨体的重心从而提高了整个塔架的强度和抗侧翻的能力。

中心支轴式喷灌机

（4）桁架护板。桁架顶点护板使力矩得到了均匀地分布，增强了整个系统的强度和稳定性。

（5）桁架拉筋盒。新型的拉筋盒提供了超强的夹紧力，同时拉筋头两端的发散式的设计降低了各个节点处的应力集中。

（6）塔架连接。焊接的球窝接头使设备在崎岖不平的地面上灵活运动而不产生应力。

（7）跨体的连接点都完全处于管子的外面，不会对水流产生任何的阻塞。

（8）热镀锌。为了满足于不同的农作物、地形及水质要求，新设计的IrcleMasterCP600（注册商标）定义为不同长度的跨体和悬臂的组合，Poly-Line（注册商标，聚乙烯管）定义为不同长度的聚乙烯内衬管跨体和悬臂的组合，以上两种组合的所有零部件全部热浸镀锌。

（9）聚乙烯内衬管。聚乙烯内衬管是一种可以替代热镀锌管的解决方案。耐用的聚乙烯内衬管和高强度的镀锌外管结合可以消除由于酸或碱等腐蚀性水质灌溉时所造成的所有问题。

2. 技术参数

（1）设备长度（决定灌溉面积）。推荐最大长度可达800m。

（2）跨体长度及重量。跨体长度有38.2m（1352kg）、44.2m（1477kg）、50.1m（1572kg）、56.1m（1667kg）和62.0m（1761kg）五种可选。

（3）悬臂长度。有1.8m、3.6m、5.9m、7.8m、9.5m、11.9m、13.7m、17.8m、19.7m、23.8m和25.6m12种长度可选。

（4）轮距。4.1m。

（5）通过高度。2.9m和4.6m（增高型）两种备选。

（6）爬坡能力。不同的跨体长度对应的爬坡能力为：38.2m（18%）、44.2m（16%）、50.1m（15%）、56.1m（12%）、62.0m（9%）。

（7）喷头间距。2.9m或1.45m。

二、平移式喷灌机

其产品特点如下：

（1）设备运行轨迹。直线。

（2）设备长度。标准化的设计，根据现场情况可以灵活地设。

（3）计跨体数量及整个系统的长度。

（4）跨体参数。同指针式喷灌机。

（5）使用地块。中等或大的长方形地块。

（6）主要优点。地块覆盖率高。

平移式喷灌机

（7）渠喂式。作为传统大型地块供水系统，我们可以提供根据客户要求设计的供水沟渠以满足不同的客户要求。

（8）模块化的组件设计。发动机、泵、电机都被设计铆接在支架上。机器可以设计成端取水或中间取水。

（9）动力系统。有多种功率的发电机、多种体积油箱可供选择。吸水装置：自吸式和自清洗的吸水装置可供选择使用。

三、小型圆形喷灌机

1.产品特点

（1）安装方便，重量轻、标准化的元件便于安装。

（2）拖移方便、实现多块土地共享，降低单位土地面积投入。

（3）能耗低，节水使得整个运营成本较低。

（4）本产品适用于蔬菜、小型草场、马场、沿河流分布的小型不规则地块、大型圆形喷灌机无法覆盖到的死角。

小型圆形喷灌机

2.技术参数

（1）4in镀锌管。

（2）跨体长度可调，最长142ft，以10ft为单位增减。

（3）华伦式桁架结构。

（4）标准结构，便于安装。

（5）5in喷嘴间距，可使用所有市场上的喷洒系统。

（6）适用电压为120V、240V和480V。

（7）0.25马力、48V直流电驱动。

（8）全密封、油润滑齿轮箱。

（9）12×26in高浮轮胎。

（10）三点支撑/快速可拖动中心支点。

（11）作物净高6ft，有9ft的增高型备选。

四、小型平移式喷灌机

1. 产品特点

（1）特别适用于小型方块、长条或不规则地块。
（2）低能耗、节水、方便安装、运营成本低。

小型平移式喷灌机

2. 可选功能

（1）运行指示闪光灯。
（2）低压关机。
（3）低温关机。
（4）过雨量保护。
（5）自动尾枪。
（6）水压控制。
（7）柴油发电机。
（8）25加仑油箱。

3. 技术参数

（1）4in镀锌管。
（2）跨体长度可调，最长142ft，以10ft为单位增减。
（3）华伦式桁架结构。
（4）标准结构，便于安装。
（5）5in喷嘴间距，可使用所有市场上的喷洒系统。
（6）适用电压为 120V、240V和480V。
（7）0.25马力、48V直流电驱动。
（8）全密封、油润滑齿轮箱。
（9）12×26in高浮轮胎。
（10）作物净高6ft，有9ft的增高型备选。

4. 小型平移式喷灌机布局图

（1）480亩布置方案。
①行走速度可调，旋转速度可调。
②无触点固态开关。
③ PLC控制面板。
④大马力牵引车。
⑤平移，圆形灌溉模式。
⑥最大长度414m。
⑦拖移Poly管。
⑧双进水口。
⑨双止回阀。

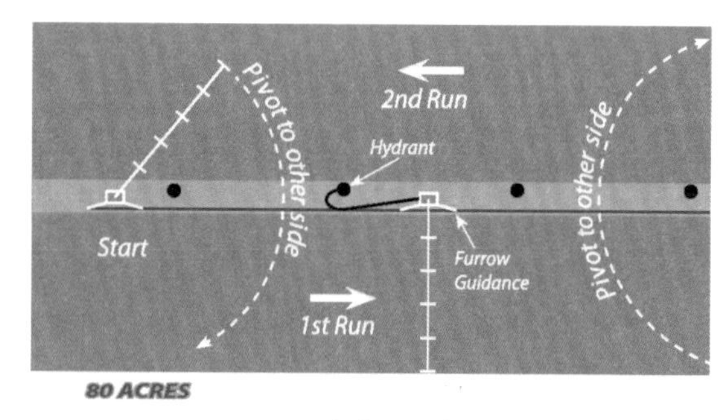

480亩布置方案

（2）120亩布置方案。
①行走速度可调，旋转速度可调。
②无触点固态开关。
③控制面板。
④最大长度207m。

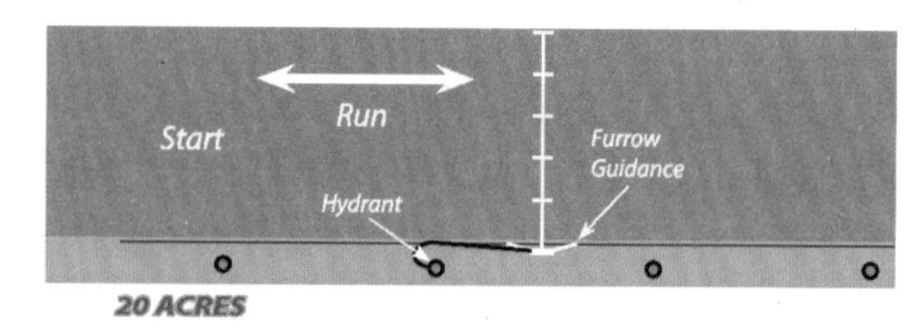

120亩布置方案

⑤拖移Poly管。

⑥双进水口。

⑦单止回阀。

（3）240亩布置方案。

①行走速度可调，旋转速度可调。

②无触点固态开关。

③控制面板。

④最大长度414m。

⑤拖移Poly管。

⑥双进水口。

⑦单止回阀。

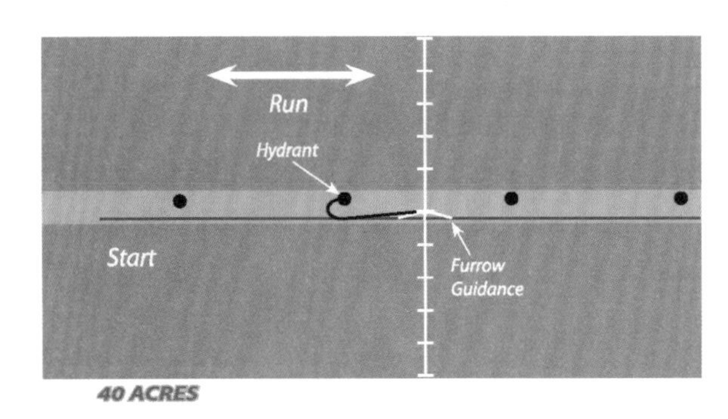

240亩布置方案

杰出的跨体和塔架结构设计

CP600动力传动系统

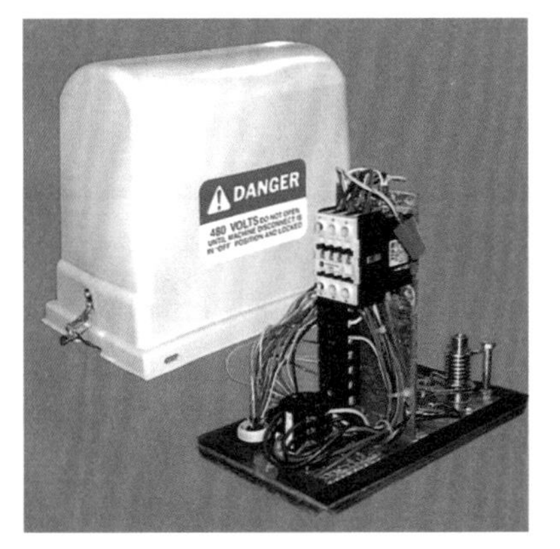

CP600塔盒

农业灌溉专用轮胎

CP600控制面板

单位名称：倍爱斯（天津）灌溉设备有限公司

单位地址：天津市静海县静海北环工业区顺意路1号

联 系 人：王伟　　邮政编码：301600

联系电话：022-68295205　　传　　真：022-69295202

网　　址：http://www.pierce-china.com　　E-mail：Bobby.lee@pierce-china.com

华北中电（北京）电力科技有限公司

公司简介

华北中电（北京）电力科技有限公司，是集科技研发、制造、销售、服务为一体的高科技企业，专业从事高、低压电力自动化设备的研发。技术力量雄厚，工艺精湛，服务完善，始终坚持以“质量第一、信誉第一、用户至上”的宗旨，是北京市高新技术企业。 因公司迅速发展，于2012年在山东成立了华北中电济南分公司、山东华北水利科技有限公司。

华北中电科技不断引进国际先进技术，先后成功研制了农业灌溉领域系列产品：HDK1系列《射频卡机井灌溉计量控制装置》、《智能射频卡机井灌溉计量控制器》、《水资源信息化系统》、《变频柜》、《水泵控制柜》，HDGS系列《玻璃钢农田管道灌溉给水栓（出水口）》及《电力变压器》等系列现代化农业灌溉配套产品。且产品均分别获得“国家强制性产品CCC认证”、“ISO9001:2008国际质量体系认证”、“中华人民共和国知识产权局专利局实用新型专利”及“外观设计专利”等6项专利。

华北中电科技的HD系列高新技术产品的研制成功，其真正意义上解决了我国农业灌溉设施落后的现象及设备被盗现象，实现了农业灌溉管理自动化，并同时每年为国家挽回了巨大的经济损失。华北中电科技的HD系列产品，是21世纪农田水利建设项目的首选产品。华北中电愿与新老客户携手继续合作，共同为建设我国现代化科技型农业而努力！

优秀产品推荐

一、SMC高强度玻璃钢机井房

1. 产品简介

该产品采用SMC高强度玻璃钢模压树脂，具有防辐射、耐腐蚀、抗老化、绝缘性能良好、使用寿命长、用电安全、外型美观、安装便捷等特点。安装、维修水泵时方便，只需将上柜体的门打开，把2个固定螺丝松开，将上柜体往后推开，即可安装水泵或取出水泵，是目前国内外同行中设计最理想、最人性化的农业节水灌溉智能化收费控制装置与农业信息化管理系统。

该产品是农田水利建设项目、农业综合开发项目、土地治理项目、千亿斤粮食项目中最佳选用产品，且取代传统的砖砌井房，占地面积只有砖砌井房的1/10，每个井房工程资金投入可节省70%。更是为建设现代化新农村增添了风景线，是项目开发单位最理想的选择。

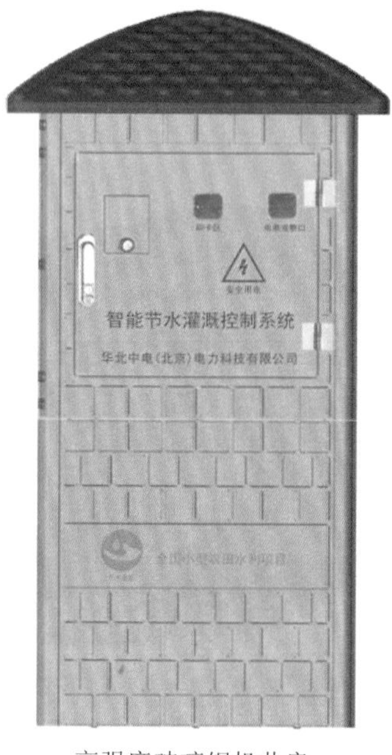

高强度玻璃钢机井房

2. 技术参数

（1）工作电压：AC380±20%/50Hz。

（2）工作环境：－40～65℃。

（3）额定功率：按用户设计要求制作。

（4）额定功耗：＜15W。

（5）相对湿度：＜95%。

（6）显示精度：1度。

（7）计量精度：0.01度。

（8）使用寿命：不低于 10 年。

（9）显示范围：0 ～ 9999 或 0 ～ 999999。

（10）一机多卡：一台管理机（充值仪）可以管理 50000 台控制箱。

（11）井房尺寸：780mm×780mm×1750mm。

二、充值仪与射频卡

HDKG-1 型管理机（充值仪），是专为农村用电购电充值设计的产品，它无需电脑连接，使用方便、安全可靠、携带方便、操作简单等特点，并可以单独设置密码，各村的管理员可自己进行设置密码，密码设置后在该台的管理机上制作的卡不会与别村的卡相互使用，有效防止用户拿别村的卡来本村划卡浇地。

它可制作管理卡、设置卡、用户卡、检查卡。

本射频卡（IC 卡）选用原装飞利浦芯片，采用高频技术、进口金属天线，具有储存记忆数据量大，数据不易被丢失，防水、防潮、防解密、使用范围广等特点。它可做管理卡、设置卡、用户卡、检查卡等用途。

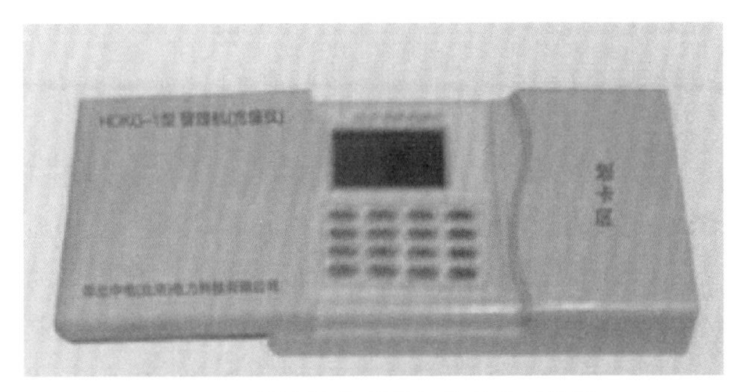

HDKG-1 型射频卡机井灌溉计量控制装置
管理机（充值仪）

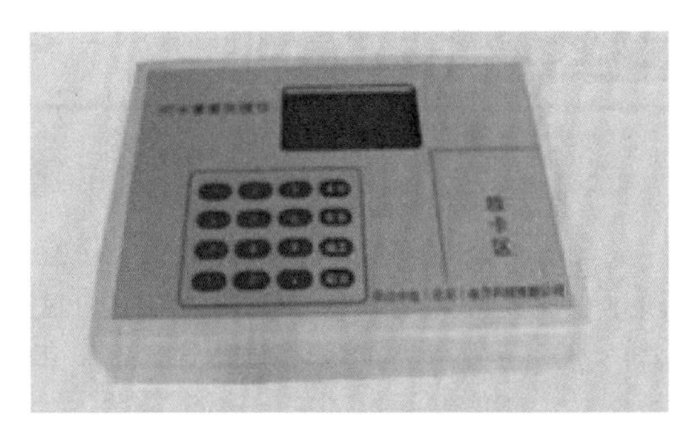

HDKG-2 型射频卡机井灌溉计量控制装置
管理机（充值仪）

机井灌溉射频卡（IC 卡）

高强度玻璃钢机井房应用在农田

单位名称：华北中电（北京）电力科技有限公司
单位地址：北京市大兴工业开发区
联 系 人：程永存　　邮政编码：102628
联系电话：010-69273111　　传　　真：010-67992858
网　　址：http://www.cnclp.cn　　E-mail：cnclp@cncpl.cn

甘肃瑞盛·亚美特高科技农业有限公司

公司简介

甘肃瑞盛·亚美特高科技农业有限公司是专业的节水灌溉设备生产厂家，主要从事灌溉系统的生产、销售、设计、工程安装、技术咨询和技术服务。2004年由以色列亚美特公司与甘肃亚盛集团共同投资兴办，总部位于兰州国家高新技术开发区内，拥有吉林和内蒙古两个分厂。

公司生产设备和技术世界先进，产品质量国内一流，通过了ISO9001 国际质量、环境和安全管理体系系列认证，并获得高新技术企业认证。

公司从事灌溉工程安装多年，积累了丰富的工程施工经验，形成了自己的特色产品和设计理念，连续多年获工程建设先进单位荣誉证书。

公司秉承“点滴做起、诚信经营、服务客户、回报社会”的经营理念，竭诚为客户提供优质产品、量身设计、科学安装和周到服务。

优秀产品推荐

一、滴灌系统

1. 首部双级过滤系统

离心加叠片双级过滤系统是我公司特色产品。离心过滤装置获国家发明专利证书，离心过滤器通过水流离心作用将水中杂质清除并通过收集罐排出；叠片过滤器组为以色列进口产品，叠片过滤器的叠片为杂质处理载体，由上下两片紧贴的槽形叠片形成无数道杂质颗粒无法通过的滤网，过滤精度高，使用寿命长。

过滤系统配备压差式施肥罐使用，实现水肥一体化滴灌。

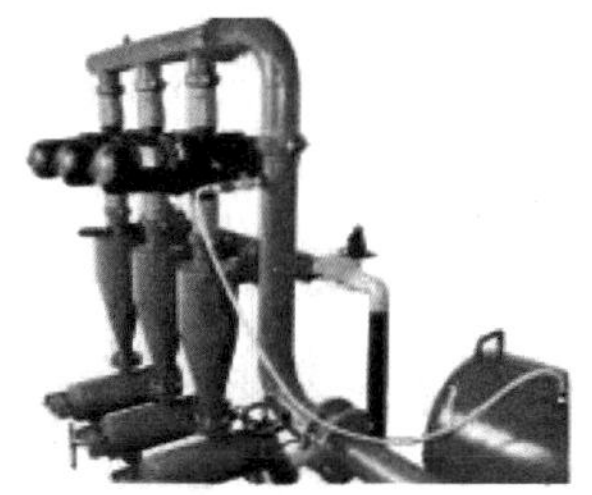

离心过滤装置

叠片过滤器

压差式施肥罐

2. 控制阀门

调压阀可保证每个灌水小区的灌水均匀度，通过预先设定所有灌水小区的首部所需压力，阀体上的压力调节器调节阀门出口压力，使之稳定在滴灌设计所要求的压力数值；此装置为内置连续可调型，使用便捷，使用年限10 年以上。

调压阀（1）

调压阀（2）

空气阀

空气阀在系统开／关时排／进气以保护系统安全。

3. 田间管网系统

PVC-U管由聚氯乙烯原料挤出成型，外观光滑、强度大。管道之间及管道与管件之间采用密封圈或胶黏结方式连接。

PE管由低密度聚乙烯拉制而成。材质的化学配方具有抗环境应力破坏的能力，同时含有抗老化添加剂，管材使用寿命长，适用于林带、山地、果园铺设。

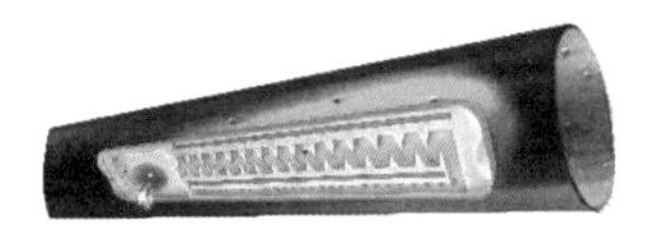
内镶式滴灌管（1）

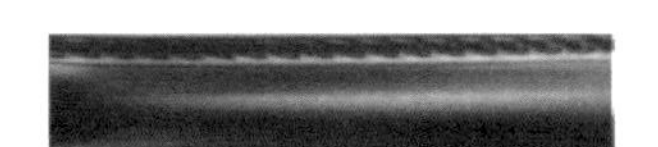
单翼迷宫式滴灌带

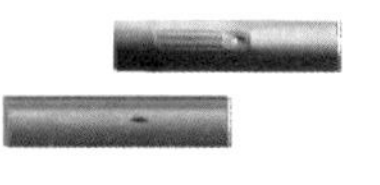
内镶式滴灌管（2）

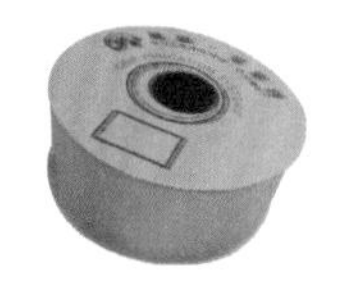
内镶式滴灌管（3）

内镶式滴灌管线所用的滴头为内镶式结构，滴头在生产过程中直接“焊”于滴灌管的内侧壁上，最大限度的防止机械损伤；滴头结构为紊流宽短流道，抗堵塞性能强；滴管材质为100%优质低密度聚乙烯，其化学配方含有抗老化添加剂并具有抗环境应力破坏的能力。

单翼迷宫式滴灌带，迷宫流道、滴孔、管道一次成型；紊流宽流道，多个进口，具有较强的抗堵塞性能；材质优良，拉伸性能好，便于机械化铺设作业。

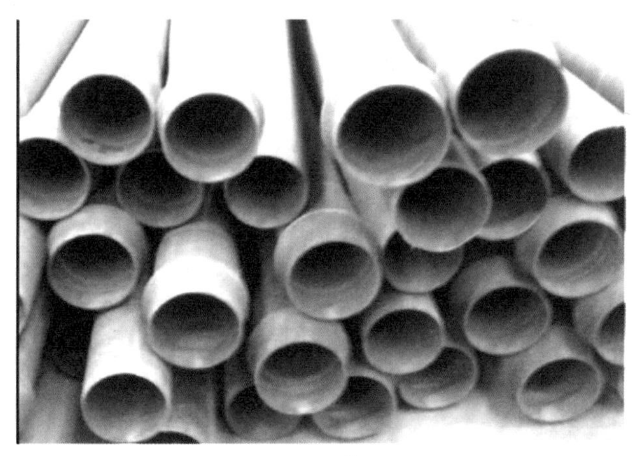
PVC-U管

PE管

单位名称：甘肃瑞盛·亚美特高科技农业有限公司
单位地址：甘肃省兰州市国家高新技术开发区纬七路
联 系 人：陈品芳　　　　邮政编码：730314
联系电话：0931-8556500　　　　传　　真：0931-8555722
网　　址：http://www.ruisheng-yamit.com　　　　E-mail：ruiya2007@163.com

崇州市岷江塑胶有限公司

公司简介

我公司是在四川省崇州市依法登记注册的民营企业，成立于1999年9月9日，从成立之初便开始生产PE、PVC、PPR塑料管管材管件，2010年起又投巨资引进球墨铸铁管生产线，开始了球墨铸铁管的生产、销售、施工工作。具有十余年的管材生产历史。公司注册资金10053万元，占地面积15万m^2，建筑面积8万m^2，拥有车间厂房18座，现代化办公楼1座，总投资20000万元，年生产总值10亿元，现有职工705人（其中：高级职称2人，项目经理5人，中级职称人数68人，初级职称人数304人，操作人员326人），拥有具备国内先进水平的生产机组四百余台 （其中：全电脑控制注塑机400余台，全自动管材生产线30余条），生产品种多达2000余个。2012年度主营业务收入是：32794万元，先后获得国家免检证书、四川名牌、四川省著名商标、守合同重信用企业等诸多荣誉。

优秀产品推荐

一、冷热水用聚丙烯（PP-R）管道系统

1.产品简介

冷热水用聚丙烯（PP-R）管道系统是具有20世纪90年代国际领先水平、符合国家饮用水标准、使用寿命长、卫生无毒的新一代绿色环保建材产品。

崇州市岷江塑胶有限公司采用一流工艺技术及先进的生产设备，以优质三型聚丙烯（PP-R）树脂为原料生产的“美江”牌（PP-R）管道系列产品，产品质量完全符合GB/T 18742.2—2002、GB/T 18742.3—2002两个国家标准。

PP-R管件

2.产品特点

（1）重量轻。密度为0.89～0.91g/cm^3，仅为钢管的1/9，紫铜管的1/10。由于重量轻，可大大降低运输费用和安装的施工强度。

（2）使用寿命长。按照规定的使用环境和相对应的使用条件级别，PP-R管道的设计使用寿命为50年。

（3）耐热性能好。当工作水温不超过70℃时，PP-R管可以长期使用。

（4）耐腐蚀性。对水中的大多数离子和建筑物内的化学物质均不起化学反应作用，不会生锈，不会腐蚀，不会滋生细菌。

（5）导热系数低。PP-R管20℃的导热系数为0.23～0.24W/km，比钢管（43～52W/km）、紫铜管（333W/km）小得多，故PP-R管不使用保温材料即可以达到良好的保温性能。

（6）拉伸模量较小。适合采用嵌墙预埋和地面层内的直埋暗敷方式施工。

（7）流体阻力小。管材内壁光滑，不会结垢，摩擦阻力系数仅为0.007，远低于金属管道。

（8）连接密封性好。由于聚丙烯具有良好的热熔接性能，热熔连接将同种材料制造的管件和管材连接成为一个整体，杜绝了漏水的隐患。

（9）可回收性。在生产、施工、使用过程中对环境无任何污染，废料可反复回复回收利用，属于绿色环保产品。

二、给水用聚乙烯（PE）管材

1. 产品简介

“美江”牌PE给水管适用于温度不超过40℃，一般用途的压力输水，以及饮用水的输送，主要用于市政供水、建筑给水和家灌等领域。管材公称压力为0.40～1.60MPa，公称外径20～500mm。产品颜色为蓝色或黑色，黑色管上有共挤出蓝色色条3～4条，暴露在阳光下的敷设管道（如地上管道）必须是黑色。

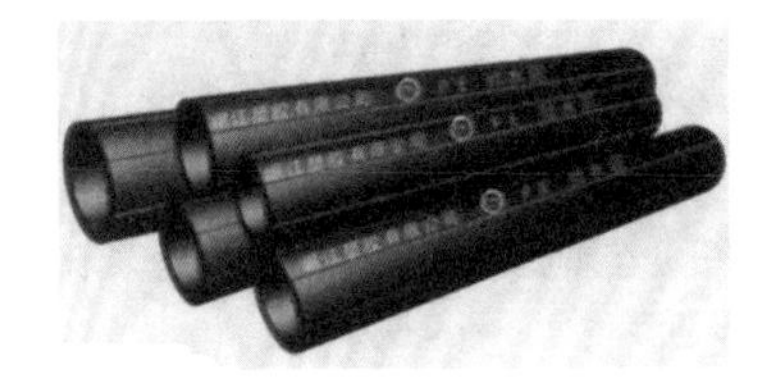

PE管材

2. 产品特点

（1）聚乙烯材质无毒、不腐蚀、不结垢，可有效提高管网的水质。

（2）管内壁粗糙度为镀锌钢管和球墨铸铁管的1/6，可有效降低供水能耗。

（3）聚乙烯管是一种韧性较高的管材，对管基不均匀沉降的适应能力较强，对地下运动和载荷有较强的抵抗能力，能有效地提高供水的安全可靠性。

（4）聚乙烯管采用熔融对接方式，熔融接头的抗拉强度不低于管材本体的强度，实现了接头与管材一体化，能有效地降低城市管网的漏失率。

（5）强度高，耐冲击和抗应力开裂性能好。

（6）重量轻、搬运方便、安装简便易行、可靠、综合费用低。

（7）使用寿命长，聚乙烯管道系统的设计使用寿命为50年左右。

三、PVC-U双壁波纹管

1. 产品简介

“美江牌”PVC-U双壁波纹管是由聚氯乙烯为主要原料生产的，内壁光滑、外壁波纹、内外壁之间中空的特殊管道，主要用于埋地排污、排水系统。

PVC-U双壁波纹管

2. 产品特点

双壁波纹管造型美观、结构特殊、环刚度大于8kN/m^2，接口利用天然橡胶密封圈柔性连接，具有连接牢靠、不易泄漏、搬运轻便、施工方便的特点，综合造价比铸铁管、水泥管低，寿命长达50年。双壁波纹管是世界各国塑料埋地排水、排污管应用最多的管道。

四、球墨铸铁管及管件

公司生产设备由德国、美国、瑞典引进，并拥有世界一流的生产工艺、技术。拥有高科技的产品检测设备与技术，确保产品优良的性能。产品具有壁薄、韧性好、耐高压、耐腐蚀、不结垢、阻力小、水质好、安装方便、寿命长久等优点。员工素质较高，并有遍布全国各地的服务机构，可随时随地为客户提供高质、高效、完善的服务。

球墨铸铁管及管件

单位名称：崇州市岷江塑胶有限公司
单位地址：四川省崇州市工业集中发展区晨曦大道
联 系 人：彭军　　邮政编码：611230
联系电话：028-82188695　　传　　真：028-82188681
网　　址：http//www.scmjsj.com　　E-mail：2583020211@qq.com

成都奥鑫管业有限公司

公司简介

成都奥鑫管业有限公司成立于 2004 年，公司位于成都市金牛乡黄金路南口，占地 30 余亩，建筑面积 8000 余 m^2，总投资 8000 余万元。“奥鑫管业”品牌商标于 2007 年注册。公司主要生产“奥鑫管业”牌聚乙烯（PE）给水管材、管件。通过自行研制、开发、制造、销售、服务于一体的绿色节能环保生产方式，以求实创新服务社会为宗旨，立足于市政水网改造工程、农村饮用水改造工程、工矿给排水工程等领域。作为一家专业生产塑料管道的企业，成都奥鑫管业有限公司在四川省内已经享有极好的知名度和美誉度，其“奥鑫管业”牌 PE 给水管材、管件产品是四川省内市政工程的首选产品，占据较大的市场份额。截至 2012 年底供应 600 余项改造工程，并被中国品牌认证委员会与中国产品质量评选中心评为“中国著名品牌”企业。

公司现有职工 121 人，高级管理人员 8 人，项目经理 4 人，研发人员 13 人，综合人员 25 人，技工 60 人。公司拥有各类生产设备及辅助设备 48 台（套），其中：加工口径为 ϕ16 ～ 800 的 PE 管材生产线 11 条，主导产品有：PE 给水管材管件、PE 双壁波纹管材。

优秀产品推荐

一、聚乙烯（PE）管材

聚乙烯（PE）管材

1. 产品简介

较长的使用寿命“奥鑫管业”牌给水用聚乙烯管材严格按照国标给水用聚乙烯（PE）管材（GB/T 13663—2000）标准进行生产、检验、入库、出库、包装、运输。在规范化设计、施工安装，并按照规范要求使用的条件下，聚乙烯（PE）在 20℃静液压强下，可安全使用 50 年。

显著的耐腐蚀性能。可耐多种化学介质的侵蚀（除少数氧化剂外），无电化学腐蚀。

明显的抗磨损性能。在输送带泥砂的泥浆时，PE 管道的耐磨性能是钢管的数倍。

优异的卫生性能。PE 给水管材无毒、不结垢、不滋生细菌，能有效地防止供水的二次污染。

良好的抗冲击性能。PE 给水管材韧性、伸长率、抗冲击性能较好，剥离强度及软化温度提高，化学稳定性和抗高频绝缘性能良好。

罕见的耐低温性能。PE 给水管道在－ 50℃的低温环境下，仍然具有良好的韧性，材料脆性温度在－ 90℃以上。

方便的施工性能和可靠的连接性能。PE 给水管道热熔连接或电熔接口的强度较高，接缝不会因地基沉陷的作用而断开，长距离管线无接口，管道质轻，焊接工艺简单，施工安装极为方便。

PE 给水管材适合在输送水温 40℃以下的液体介质环境中使用。对于输送水温超过 40℃的使用环境，PE 给水管材的使用性能和使用寿命将极大地折减。

PE 给水管材一般为蓝色或黑色。奥新牌 PE 黑色管材管身纵向在 ϕ ＜ 75mm 以下有共挤出蓝色色条二条，ϕ ≥ 75mm 以上共有挤出蓝色色条三条。暴露在阳光下的 PE 给水管材必须是黑色。

2. 技术指标

（1）物理性能（见表1）。

表1 物 理 性 能

序号	项目		要求
1	断裂伸长率（%）		≥350
2	纵向回缩率（110℃）（%）		≤3
3	氧化诱导时间（200℃）（min）		≥20
4	耐候性1（管材累计接受≥3.5GJ/m^{2}老化能量后）	80℃静液压强度（165h），PE63：环应力3.5MPa;PE80：环应力4.6MPa;PE100：环应力5.5MPa	不破裂，不渗漏
		断裂伸长率（%）	≥350
		氧化诱导时间（200℃）（min）	≥10
1 仅适用于蓝色管材			

（2）静液压强度（见表2）。

表2 静 液 压 强 度

序号	项目	环向应力（MPa）			要求
		PE63	PE80	PE100	
1	20℃静液压强度（100h）	8.0	9.0	12.4	不破裂，不渗漏
2	80℃静液压强度（165h）	3.5	4.6	5.5	不破裂，不渗漏
3	80℃静液压强度（1000h）	3.2	4.0	5.0	不破裂，不渗漏

（3）卫生性能：符合GB/T 17219的规定。

3. 应用领域

（1）城镇、农村自来水管道系统。PE管卫生无毒、不结垢，更合适城市及农村供水主干管和埋地管，安全、卫生、经济、施工方便，使用寿命长。

（2）可置换水泥管、铸铁管和钢管。用于旧网改造工程，不用大面积开挖，施工方便，造价低，可广泛应用于老城区管网改造。

（3）工业原料输送管道。化工、化纤、食品、林业、制药、轻工、造纸、冶金等工业原料输送管。

（4）园林绿化供水管网。园林绿化需要大量输送管道，PE管的柔韧性和低成本，使之成为最佳选择。

（5）污水排放用管材。PE管道具有独特耐腐蚀性能，可用于工业废水，污水排放，成本及维护费用低。

（6）矿砂、泥浆输送。PE管道具有高度抗应力，耐磨损和耐腐蚀性，可广泛应用于输送矿砂、煤灰及河道清淤泥浆。

（7）农用灌溉管道。PE管内壁光滑、流量大、可跨道路施工，抗冲击性好，是农用灌溉理想管材。

（8）船用管道。PE管质量轻、连接方便，可广泛应用于大型船舶内部给排水。

（9）海水淡化用管道。PE管具有使用寿命长、性价比高，被广泛应用于海水淡化工程。

二、管件

1. 产品简介

根据GB/T 13663—2000标准要求，聚乙烯（PE）给水管材根据生产管道的原材料不同分为PE63（第一代）、PE80（第二代）、PE100（第三代）、PE112（第四代）四个等级聚乙烯管材。

由于PE63级承压较低，较少用于给水材料。目前给水中应用的PE80级、PE100级，PE112级是今后发展的方向。无论哪级管材，还应符合相应的使用要求。

2. 技术参数

（1）热熔连接管件。

①热熔对接管件：$d_n \geq 63$；

②热熔承插管件：$d_n 32 \sim 100$；

③热熔鞍形管件：$d_n 63 \sim 315$。

（2）电熔连接管件。

电熔承插管件：$d_n 32 \sim 315$；

电熔鞍形管件：$d_n 63 \sim 315$。

（3）机械连接管件。

①承插式连接管件：锁紧型 $d_n 32 \sim 315$，非锁紧型 $d_n 90 \sim 315$；

②法兰连接管件：$d_n \geq 63$；

③钢塑过渡接头：$d_n \geq 32$。

（4）管件的机械性能（见表3）。

表3　管件的机械性能

特性	要求	试验参数	
		参数	数值
20℃静液压强度	不破裂、不渗漏	试验温度	20℃
		试验数	3
		试验周期	100h
		环向应力	
		PE80	9.0MPa
		PE100	12.4MPa

（5）热熔、电熔管件物理力学性能（见表4）。

表4　热熔、电熔管件物理力学性能

特性	要求	试验参数	
		参数	数值
熔体质量流动速率（MFR）PE80和PE100	加工后MFR的变化小于±20%（管件上测量值与所用混料上测量值的对比）	时间	10min
热稳定性（氧化诱导时间）	大于或等于20min	试验温度	200℃
		试样数	3
电熔承口管件黏接力	脆性破裂长度小于或等于（2/3）L	试验温度	23℃
电熔鞍形管件黏接力	脆性破坏的破坏表面小于或等于25%	试验温度	23℃
对接管件——插口管件的拉伸长度	试验到破坏为止，韧性：通过，脆性：通过	试验温度	23℃
鞍型三通的冲击强度	不破坏、不泄漏	试验温度	(0±2)℃
		重锤质量	(2500±20)g
		下落高度	(2000±10)mm

阿坝州金川县水务局2010年中央预算内农村饮水安全工程管道项目

阿坝州小金县水务局灾后重建农村饮水、小型农田水利灌溉项目

桂平市农村饮水安全工程

阿坝州金川县水务局2010灾后重建乡村供水工程项目

单位名称：成都奥鑫管业有限公司

单位地址：四川省成都市金牛乡黄金路南口

联 系 人：胡杰

邮政编码：610000

联系电话：028-87677721

传　　真：028-87766621

网　　址：http://www.cdaxgy.com

E-mail：243596623@qq.com

山东永通塑业股份有限公司

公司简介

山东永通塑业股份有限公司始建于 2010 年，是专业生产新型环保塑料管材的现代化高新技术企业，主导产品 " 金航牌 " 给水管材．燃气管材、双壁波纹管、塑钢缠绕排水管、PVC 管、PE-RT 地暖管、煤矿专用聚乙烯管材等，公司位于寿光市羊口镇临港工业园，交通便利，地理位置优越。

公司建有现代化的生产车间 6 座，占地面积 225604m^2，固定资产 16800 万元，员工 200 余人，其中中级职称 16 人，技术员 24 人，公司拥有 80 余条国内先进水平的自动化管材生产线，年生产塑业管材 80000t，每年可实现营业收入 13 亿元，公司采用齐鲁石化公司优质原料，按国家标准生产、经国家检测机构检测，其性能完全到达国家标准要求。

公司面向市场，求真务实，高标准，精细化，零缺陷，诚信守诺，我公司将凭借良好的信誉，雄厚的实力，优质的产品，竭诚为客户提供更优质的服务，愿与广大新老客户携手合作共创未来。

优秀产品推荐

给水用高密度聚乙烯（PE）管材

1. 产品特点

（1）长久的使用寿命。在正常条件下，寿命达 50 年以上。

（2）卫生性好。PE 管无毒，不含重金属添加剂、不结垢、不滋生细菌，解决了饮用水的二次污染。

（3）符合 GB/T 17219 安全性评价规定，可耐多种化学介质的腐蚀，无电化学腐蚀。

（4）内壁光滑，摩擦系数极低，与相同内径输水比钢管可提高“30%”的流通量；并具有优异的耐磨性能，其耐磨性是钢管的 4 倍。

（5）柔韧性好、抗冲击强度高、耐强震、扭曲，重量轻、运输、安装便捷。

（6）独特的电熔焊接和热熔对接、热熔插接技术使接口强度高于管材本体，保证了接口的安全可靠。

（7）焊接工艺简单，施工方便，工程综合造价低。

2. 技术参数

管材物理性能要求：

（1）断裂伸长率：≥ 350%。

（2）纵向回缩率（110℃）：≤ 3%。

（3）氧化诱导时间（200℃）：≥ 20min。

（4）耐候性（管材累计接受≥ 3.5GJ/ m² 老化能量后）。

①80℃静液压强度（165h)：不破裂，不渗漏，见表 1；

②断裂伸长率：≥ 350%；

③氧化诱导时间（200℃）：≥ 10min。

表1　　管材的静液压强度

项目	环向力（MPa）			要求
	PE63	PE80	PE100	
20℃静液压强度（100h）	8.0	9.0	12.4	不破裂，不渗漏
80℃静液压强度（165h）	3.5	4.6	5.5	不破裂，不渗漏
80℃静液压强度（1000h）	3.2	4.0	5.0	不破裂，不渗漏

施工现场（1）

施工现场（2）

施工现场（3）

公司厂房

单位名称：山东永通塑业股份有限公司

单位地址：山东省寿光市羊口镇临港工业园

联 系 人：张云剑　　　　邮政编码：262714

联系电话：0536-5850023　　　　传　　真：0536-5850020

网　　址：http://www.jinhang.cc　　　　E-mail：18663624677@163.com

福建亚通新材料科技股份有限公司

公司简介

福建亚通新材料科技股份有限公司创建于1994年，是一家专业从事塑料管道产品研究和制造的国家级重点高新技术企业。亚通产品主要用于市政建设（道路、通信、电力、燃气、供水、排水、排污等基础设施建设）、水务投资运营、建筑工程、农业节水排灌系统、现代园艺等各种领域，产品种类及配套之全，位居全国同行业领先地位。

亚通经国家人事部批准设立国家博士后科研工作站，现系建设部全国塑料管道科技产业化基地，中国塑料加工工业协会副理事长单位，“中国驰名商标”企业。亚通拥有福建、重庆、湖北、河南、北京、黑龙江、甘肃、内蒙古、新疆、贵州等10多个生产基地以及覆盖全国的生产、销售和服务网络。从2004年起，亚通产品陆续销往俄罗斯、新加坡、沙特阿拉伯等国家和地区。

亚通持续秉承“以人为本，追求卓越”的企业精神，为中国现代农业、水利、电力、交通、通信、石油、化工、城市建设、环境保护和其他工业事业做出应有贡献，引导中国塑料管道行业向更高、更新水平迈进！

亚通福建福清生产基地　亚通河南开封生产基地　亚通湖北仙桃生产基地　亚通四川彭州生产基地　亚通重庆万州生产基地

亚通甘肃张掖生产基地　亚通北京生产基地　亚通内蒙古呼和浩特生产基地　亚通福建厦门生产基地　亚通新疆昌吉生产基地

亚通拥有30多项科技成果通过省级技术鉴定，获得国家专利局授权专利62项，共承担国家级重点新产品计划项目5项，国家级技术创新项目2项，国家级创新基金项目1项，国家高新技术产业化推进项目1项，国家重点技术改造项目1项，国家“十一五”科技支撑课题2项，国家火炬计划项目2项，福建省重大专项子课题1项，福建省区域科技重大专项1项。亚通管道不断用行动来传递科技的真诚，用真诚创造卓越的品质。

优秀产品推荐

一、PE给水管

亚通牌环保健康HDPE给水管道采用进口聚乙烯树脂，按照GB/T 13663标准制造。产品具有良好的可焊接性、抗环境应力开裂性和抗快速开裂性，其性能达到了国际标准和国家标准的要求。

PE给水管

二、PVC-U 给水管

亚通给水用硬聚氯乙烯（PVC-U）管是以聚氯乙烯树脂为主要原料，添加适量的助剂经挤出和注塑工艺成型，产品具有不易滋生细菌，无毒无铅；重量轻、流水阻力小、安装简便迅速、寿命长等优点。

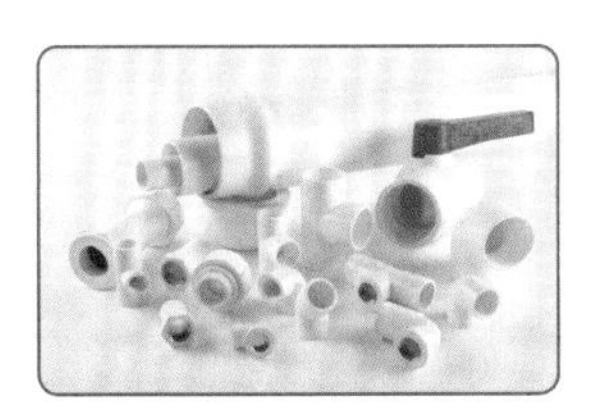
PVC-U 给水管

三、PVC-M 给水管

给水用抗冲改性聚氯乙烯（PVC-M）管道是通过吸收国外先进技术，在保持 PVC 管材高强度特性的同时，增强了材料的延展性和抗开裂性，具有更好的韧性和高承压能力。我司生产的 PVC-M 管道，集合了 PVC-U 和 PE 管材的优点，韧性好，安全性高，同时安装方便快捷，经济与社会效益显著，是更安全、更便利、更经济的新一代管材，是目前供水管网工程的首选产品。

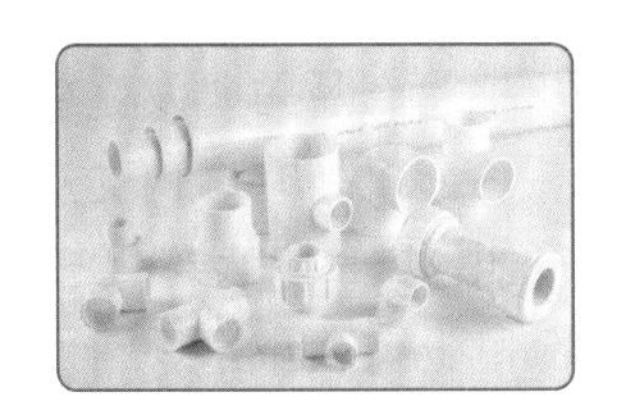
PVC-M 给水管

四、PP-R 给水管

PPR 管又称无规共聚聚丙烯管（III型），是 20 世纪 90 年代开发生产的新一代绿色环保建材，该管材除了具有一般塑料管材重轻，耐腐蚀，不结垢，使用寿命长的优点外，还具有良好的卫生性能，较好的耐热性能，使用寿命长的优点，且导热系数低，保温节能，采用热熔连接方式，安装方便，连接可靠，物料可回收利用，是名副其实的绿色环保建材。亚通家装—环保健康 PPR 管按照 ISO 9001 质量体系高标准、严要求进行生产，产品完全符合 GB/T 18742.1、GB/T 18742.2、GB/T 18742.3 和 GB/T 17219 卫生标准，国家卫生部相关的卫生安全评价规定。

PP-R 给水管

五、LEPE 滴灌管

亚通五星家装管，采用进口 PPR 专用原料，通过自主研发的配方形式添加一定比例无机纳米银离子抗菌剂，双层共挤制备而成。产品内外兼修，独具品质保证，外观精美，色泽柔和淡雅，管道内壁表层具有高效的抗菌抑菌功能，其抗菌性能卓越、抗菌范围广谱、抗菌效果持久，特别适合于家居健康冷热水、纯净水输送等对卫生性能要求高的涉水领域。

LEPE 滴灌管

单位名称：福建亚通新材料科技股份有限公司
单位地址：福建省福州市仓山区浦上大道万达广场 C4 区 3 楼
联 系 人：隋连生　　邮政编码：350304
联系电话：0591-28377221　　传　　真：0591-28377220
网　　址：http://www.atontech.com.cn　　E-mail：liansheng_sui@atontech.cn

浙江东管管业有限公司

公司简介

浙江东管管业有限公司注册资本5018万元，坐落于“竹林七贤”嵇康故里——浙江上虞长塘镇，公司占地面积50000余m^2。公司与浙江工业大学建有紧密的产业研合作关系，一直致力于PE管道及相关产品的研发、生产及推广，为客户提供完美的产品及服务。

公司拥有国内先进的全自动十几条PE管材生产线，主要生产$\phi 20\sim 2000$规格的各种PE给水管、PE排水管、PE燃气管、PE电力电缆管、PE非开挖顶管、克拉管，年生产能力达3万t，产品广泛应用于市政供水、排水、电力通讯等领域。

公司现有研发机构一个，拥有一支强劲的技术开发队伍，配备了万能试验机、差热分析仪、静液压试验机、简支梁冲击试验机、落钟冲击试验机等先进的检测设备，能根据PE管材国家标准GB/T 13663—2000进行所有规定项目的检验。公司通过ISO9001：2000国际质量管理体系认证、ISO14001：2004环境管理体系认证和职业健康安全管理体系认证，产品均由中国人民财产保险公司承保。

公司被列入浙江省工商企业“守合同重信用”单位，“东管”牌PE管材被认定为绍兴名牌产品，“东管”商标被评定绍兴市著名商标。

优秀产品推荐

给水用聚乙烯（PE）给水管、聚乙烯缠绕结构壁管材

给水用聚乙烯（PE）给水管

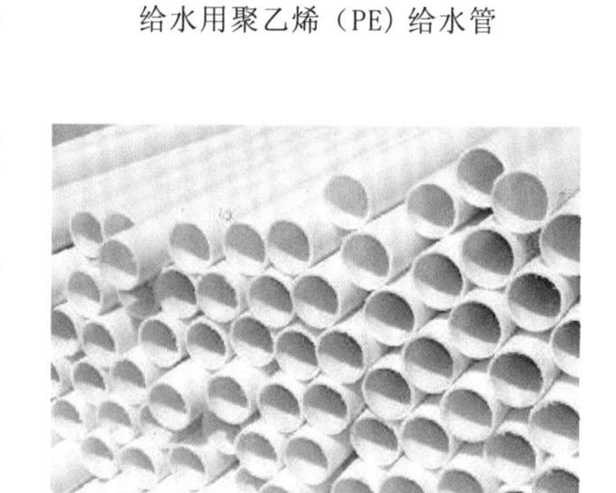
聚乙烯缠绕结构壁管材

1. 产品特点

（1）良好的卫生性能。PE管加工时不添加重金属盐稳定剂，材质无毒性，无结垢层，不滋生细菌，很好地解决了饮用水的二次污染。

（2）卓越的耐腐蚀性能。除少数强氧化剂外，可耐多种化学介质的侵蚀；无电化学腐蚀。

（3）长久的使用寿命。在额定温度、压力状况下，PE管道可安全使用50年以上。

（4）较好的耐冲击性。PE管韧性好，耐冲击强度高，重物直接压过管道，不会导致管道破裂。

（5）可靠的连接性能。PE管热熔或电熔接口的强度高于管材本体，接缝不会由于土壤移动或活载荷的作用断开。

（6）良好的施工性能。管道质轻，焊接工艺简单，施工方便，工程综合造价低。

2. 技术参数

（1）标准。公司的PE给水管按国标GB/T 13663—2000组织生产和检验。

（2）颜色。公司的PE给水管管材的颜色为黑色，表面有醒目的蓝色色条。

（3）长度。公司的直管一般生产6m、9m和12m，也可根据客户的要求供货。

（4）外观。管材的内外表面应清洁、光滑，不允许有气泡、明显的划伤、凹陷、杂质、颜色不

均的缺陷。管材两端切割平整，并与管轴线垂直。

（5）规格尺寸。管材长度偏差、平均外径、壁厚及偏差均执行国家标准。

表1　PE给水管材的静液压强度

项目	环向应力（MPa）			要求
	PE63	PE80	PE100	
20℃静液压强度（100h）	8.0	9.0	12.4	不破裂，不渗漏
80℃静液压强度（165h）	3.5	4.6	5.5	不破裂，不渗漏
80℃静液压强度（1000h）	3.2	4.0	5.0	不破裂，不渗漏

80℃静液压强度（165h）试验只考虑脆性破坏。如果在要求的时间（165h）内发生韧性破坏应力和相应的最小破坏时间重新实验。见表1、表2。

表2　80℃时静液压强度（165h）再实验要求

PE80		PE100	
应力（MPa）	最小破坏时间（h）	应力（MPa）	最小破坏时间（h）
4.5	219	5.4	233
4.4	283	5.3	332
4.3	394	5.2	476
4.2	533	5.1	688
4.1	727	5.0	1000
4.0	1000		

熔体流动速率机

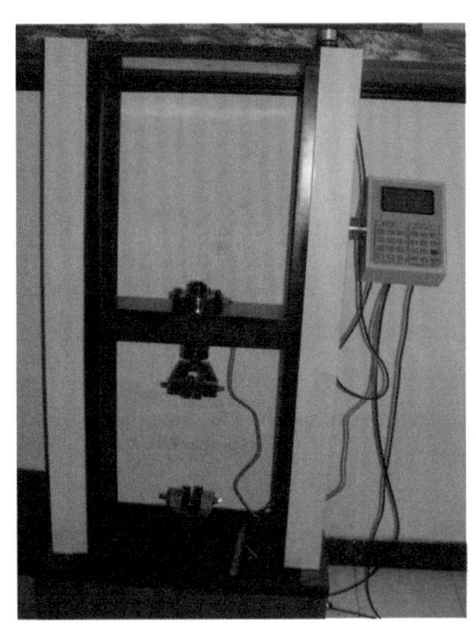
电子万能试验机

分析天平

单位名称：浙江东管管业有限公司
单位地址：浙江省上虞市长塘镇
联 系 人：陈莹　　邮政编码：312352
联系电话：0575-82564777　　传　　真：0575-82563288
网　　址：http://www.dgslgc.com　　E-mail：zjdggy@163.com

湖北省咸宁三合机电制业有限责任公司

公司简介

公司创建于1965年，现发展成为以生产水工机械、传动机械和起重机械产品为主，集科研开发、设计制造、产品销售与安装于一体的综合型机械制造工业企业。

公司拥有近四十余年生产水利启闭机和“三合一”减速机的历史，年设计、生产能力达3亿元。目前的主导产品有：容量为50～10000kN、2×50～2×10000kN的系列新型闭式卷扬式启闭机，63～10000kN、2×63～2×10000kN的QHSY、QHLY等系列液压式启闭机，50～3200kN、2×50～2×3200kN 的系列移动式启闭机，50～750kN、2×50～2×750kN的系列螺杆式启闭机，各种水电站门机、清污机、拦污栅、钢制闸门等，广泛应用于水库、水电站、水利枢纽、电排和提灌等水利工程中；“三合一”减速机有QS、QSC、QSK、CHC系列减速机及QJ、YQ等系列硬齿面、中硬齿面减速机，广泛应用于起重、冶金、矿山等行业；还生产桥式和门式起重机等特种设备。系列启闭机产品均获水利部颁发的产品使用许可证书，其中卷扬式启闭机及液压式启闭机国家标准由本公司负责起草。

公司先后荣获：省部级科学技术进步奖五项，国家专利十六项（其中发明专利两项），国家级新产品三项，湖北省高新技术企业，湖北省创新型试点企业，湖北省名牌产品，湖北省著名商标，湖北省“重合同、守信用”企业等荣誉。

优秀产品推荐

一、超大型新型闭式卷扬启闭机

1.产品简介

新型闭式卷扬启闭机是公司自主研制开发并集多项专利技术于一体的新一代卷扬式启闭机。该卷扬式启闭机卷筒与减速器的输出轴直接连接，取消了传统的开式齿轮传动机构；制动系统采用高、低速三保险制动（高速制动为制动限载联轴器制动，低速制动为卷筒内外双制动装置制动），具有联轴、制动、限载功能，提高了整机的安全性能。该新型闭式卷扬启闭机具有承载能力大、抗过载能力强、安全性能高、结构紧凑、重量轻、节能环保、免维护等特点。

2.技术参数

（1）启门容量：63～10000kN，2×63～2×10000kN。

（2）启门扬程：可达125m。

（3）启闭速度：1～2.5m/min。

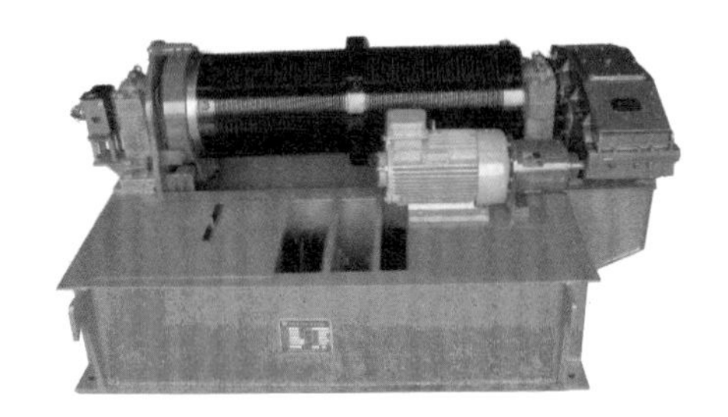

超大型新型闭式卷扬启闭机

二、超大型液压式启闭机

1.产品简介

液压式启闭机是一种由机、电、液、仪为一体的启闭机械，主要由压缸、液压泵站、液压控制阀、电控系统组成。工作原理是以电机为动力源，电动机带动油泵输出压力油，通过液压控制阀等液压元件驱动活塞杆来控制闸门的启闭。只需接通电动机的控制电源，即可使活塞杆往复运动。液压控制阀是由方向阀、溢流阀、调速阀、液压单向阀等阀组组成，可根据启闭机的工作待点设计不同油路组合以满足其工况要求。具有启闭门自动停机、过载保护、速度控制、液压锁定、双缸同步行纠偏、下滑自动提升等功能。

2. 技术参数

（1）启门容量：50～10000kN，2×50～2×10000kN。

（2）启门扬程：1～20m。

（3）启闭速度：0.1～20m/min。

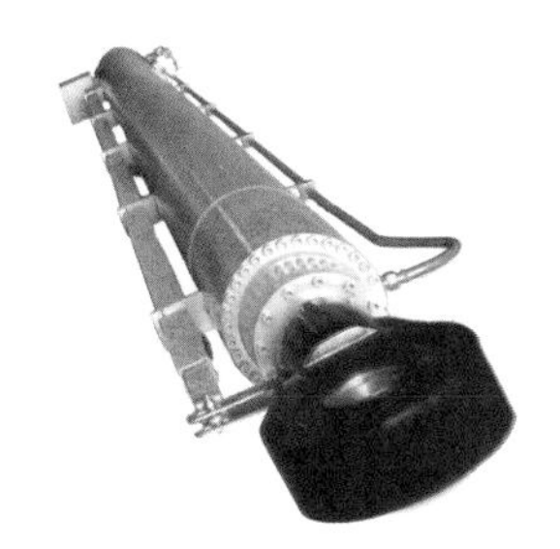
超大型液压式启闭机

三、大型移动式启闭机

1. 产品简介

移动式启闭机是沿专门铺设的轨道移动，并能逐次升降数个按排或列布置的闸门的机械设备。

2. 技术参数

（1）启门容量：50～3200kN，2×50～2×3200kN。

（2）启门扬程：可达125m。

（3）启闭速度：1～2.5m/min。

（4）运行速度：5～15m/min。

大型移动式启闭机

四、大型螺杆式启闭机

1. 产品简介

螺杆式启闭机是一种用螺纹杆直接或通过导向滑块、连杆与闸门门叶相连接，螺杆上下移动以启闭闸门的机械。

2. 技术参数

（1）启门容量：50～750kN，2×50～2×750kN。

（2）启门扬程：1.5～5.5m。

（3）启闭速度：0.1～0.2m/min。

大型螺杆式启闭机

五、大型清污机

1. 产品简介

清污机是清除附着在拦污栅上杂物（一般称污物）的机械设备。在污物较多的水库或河道上，为保证水电站或泵站得以安全、正常地运行，常需设置清污机，以便在不停机和不放空水库的条件下进行清污。清污机种类：包括耙斗式清污机和回转齿耙式清污机。

2. 技术参数

（1）启升容量：10～300kN，2×10～2×300kN。

（2）工作行程：1～50m。

（3）提升速度：1～20m/min。

大型清污机

单位名称：湖北省咸宁三合机电制业有限责任公司

单位地址：湖北省咸宁市咸安区永安大道同心路138号

联 系 人：晏文权　　邮政编码：437000

联系电话：0715-8322725　　传　　真：0715-8322725

网　　址：http://www.xnshw.com　　E-mail：Ywq8322725@163.com

江苏水利机械制造有限公司

公司简介

江苏省水利机械制造有限公司坐落在古城扬州，占地面积 10 多万 m^2，东临京杭大运河，南依 328 国道，厂内建有专用码头，水陆交通便利，现有职工 400 多人，工程技术人员 120 多人，拥有金属结构件制作、机械加工、热处理等设备 500 多台套，是全国水利优秀企业、水利部全面质量管理验收合格单位，江苏省高新技术企业、建设银行省一级信用企业，连续多年获扬州市“文明单位”称号、1998 年通过 ISO9002 质量体系认证，现已转换 2000 版。

公司主要产品有水工钢结构、系列两栖式清淤机、绞吸式挖泥船、固定式启闭机、液压启闭机、移动和固定式清污机、割草机、环保设备、门式和桥式起重机、牵引机、压力钢管等。生产许可证和使用许可证齐全。

多年来为水利、水电工程制作安装过 1000 多个工程项目近 5000 套多种类型的钢闸门和启闭机，受到国内外用户的好评，其中有的工程曾获国家金质奖和银质奖。我公司产品还出口俄罗斯、叙利亚、尼泊尔、巴基斯坦、伊朗、也门等九个国家。两栖式清淤机曾荣获水利部优秀科技成果奖，现已成系列销往全国 20 多个省、自治区、直辖市。在河道清淤、滩涂开发工程中发挥了巨大的作用。

优秀产品推荐

一、CSLQY-60 型两栖式清淤机

1. 产品简介

公司是水利部清淤机生产基地，生产的清淤机兼有陆上单斗挖掘机和水上挖泥船的特点，适用于陆地、水中、淤泥地和杂草丛生地带施工作业。荣获水利部科技成果奖。清淤机年生产能力 100 余台。

CSLQY-60 型两栖式清淤机

2. 技术参数

（1）铲斗容量：0.6m^3。
（2）工作效率（理论）：90m^3/h。
（3）最大挖掘深度（水线以下）：5.5m。
（4）最大挖掘半径：11.7m。
（5）最大卸载高度（水线以上）：6.8m。
（6）最大爬坡度：15°。
（7）爬行速度：0.5km/h。
（8）外形尺寸（长 × 宽 × 高）：10m×4.2m×3.6m。
（9）作业水深：0 ～ 3.1m。
（10）最小航行水深：1.2m。
（11）过桥净空：＞ 2m。
（12）航速：5 ～ 7km/h。
（13）机重：约 23000kg。
（14）发动机型号：6BT5.9-C150。
（15）额定功率：112kW。

（16）额定转速：2200r/min。

二、XWQY100型两栖式旋挖式清淤机

1.产品简介

XWQY100型两栖式旋挖式清淤机是应用户要求而专门设计的一种大型池塘水下清淤机械。该机以浮箱履带为基础实施工作移位，用旋挖头切割和收集水下淤泥，用泥泵将泥浆吸走并排出，送到指定的排泥场，从而实现对大型池塘清淤的目的。该机也可用于其他具有相似条件的河道、沟渠等浅水域进行清淤作业。

XWQY100型两栖式旋挖式清淤机

2.技术参数

（1）整机重量：27000kg。
（2）接地比压：0.015MPa。
（3）离地间隙：780mm。
（4）爬坡能力：15°。
（5）行驶速度：地面0～2km/h，水上0～1km/h。
（6）浮力：约3500kg。
（7）吃水深度：1470mm。
（8）工作水深：500～900mm。
（9）最小航行水深：1800mm。
（10）最小航行水宽：6000mm。
（11）外观尺寸（长×宽×高）：11.6m×5.65m×4.5m。

三、挖泥船

1.产品简介

我公司具有二级造船资质，30多年为全国10多个省、市制造大型挖泥船、水政监察艇、抛锚艇等近200艘。2000年为国家百船计划制造的两艘清水流量3500m³/h分体绞吸式挖泥船，以其优良的质量完善的服务，受到百船办领导和专家的好评。

挖泥船

2.技术参数

见表1。

表1  技术参数

挖泥船型号	总长（m）	型宽（m）	型深（m）	吃水（m）	排距（m）	排高（m）	泥浆浓度	最大挖深（m）
清水流量800m³/h	26.7	6.25	1.30	0.80	500	3	≥10%	6
清水流量1200m³/h	28	7	1.76	1.08	2500	4	≥10%	8
清水流量2000m³/h	28.75	7.6	1.90	1.30	1500	4	≥10%	10
清水流量3500m³/h	38.2	8.6	2.10	1.25	1650	4	≥10%	12.5
清水流量5000m³/h	52	12	2.8	2	3500	4	≥10%	15

四、YLQ Ⅲ型（垂直栅耙斗液压抓斗）拦污栅清污机

1.产品简介

公司专业生产拦污栅清污机，有垂直栅耙斗液压抓斗清污机、斜栅移动式清污机和固定回转式清污机。还可根据客户特殊要求进行设计、制造各种规格的清污机，产品远销国外。VRC6型垂直栅半自动清污机用于巴基斯坦WESAK水电站。

2.技术参数

见表2。

YLQ Ⅲ型拦污栅清污机

表2 拦污栅清污机参数

名称	栅体倾斜	清污宽度（m）	清污深度（m）	额定清污重量（t）	提升速度（m/min）	轨道型号	轮距（m）	清污能力	水头差	系统压力
VRC6型	90°	5.4	35	3	6	P38	7			
YLQ Ⅲ型	75°～80°	3	20	1.5	6	P24	1.5			
LQW3A型	75°～80°	3	20	1.5	6	P38	2.1			
QQ-4型	90°	4	85	5	6	P38	5			10MPa
HQ型	70°～75°	2.5～6	12		6			30t/h	1.5m	

五、超大型有轨弧形平面双开钢闸门

近年来，公司凭借雄厚的技术实力、先进的生产设备和高素质的员工队伍积极参加市场竞争，年钢结构市生产能力12000t，先后参加了淮河入海水道、泰州引江河、京杭大运河等多项省、国家重点水利工程项目建设，参建工程均被评为江苏省优质工程。我公司制作的钢闸门品种有：平面滑动钢闸门（超大型）、平面定轮闸门（大Ⅱ型）、人字闸门（大Ⅲ型）和弧形闸门（超大型）等几种门型。这几种门型可根据用户需求，能满足在不同环境下的船闸、泵站、节制闸、挡潮闸和泄洪闸设计要求进行制作安装。

超大型有轨弧形平面双开钢闸门

公司在所承接的常州钟楼防洪控制工程钢闸门制作和安装中，该工程位于京杭运河常州市区改线段，闸室净宽90m，闸门门体采用的是两扇超大有轨弧形平面双开钢闸门（60m×6.5m）及可控翻倒式钢坝闸门（56m×4.5m）挡洪。工程的主要任务是在大洪水时启用，使得太湖湖西地区洪水向北排入长江，减少湖西高水通过京杭运河运河压向下游，减轻常州、无锡、苏州三大城市和吴澄锡低洼地区的防洪压力，在非大洪水期不碍航，满足京杭运河正常航行需要，在使用过程中得到用户好评。公司在该工程中超大有轨弧形平面双开钢闸门的研制与应用，获得大禹水利科学技术奖奖励委员会二等奖。

六、BQP2×630KN型闭式传动启闭机、QP1×800KN型平门启闭机、QH2×160KN型弧门启闭机

公司具有年生产启闭机800台套的能力。生产QP、QPK、QH、QT、QL等五个系列机型，从1～500t

近百种型号的启闭机，还可以根据客户的要求进行设计制造。公司研制的新型离合卷筒式固定卷扬启闭机国内首创，通过部级鉴定。40多年来，为全国1000多个水利建设项目制造安装启闭机8000多台套。

QP1×800kN型平门启闭机

QH2×160kN型弧门启闭机

常州钟楼防洪控制工程（超大有轨弧形平面双开钢闸门）

常州新闸（亚洲最大的浮箱式钢闸门）

南京三汊河大型护镜式钢闸门（国内首创）

盐城市新团船闸升卧式平门

单位名称：江苏水利机械制造有限公司
单位地址：江苏省扬州市运河北路10号
联 系 人：曾亚玲
邮政编码：225003
联系电话：0514-87239010
传　　真：0514-87239568
网　　址：http://www.sushui.com
E-mail：zyl-lhx@qq.com

湖北亿立能科技有限公司

公司简介

湖北亿立能科技有限公司创建于2002年，公司总部位于湖北省宜昌市国家高新技术开发区，是一家集研发、生产、销售、服务于一体的水利高端信息自动化产品的国家高新技术企业，拥有国内同行业先进生产设备，拥有一支高科技水准的研发团队，团队中硕士以上学历超过20%，并与三峡大学等大专院校合作组建了研发团队，为技术的提升和创新提供了有力的支撑。

本着“开拓创新、专业服务、用户至上、诚信合作”的宗旨，亿立能科技在行业中迅速脱颖而出，凭借十年来积聚的规模和实力，研制了一批高精度、高可靠性、高智能化、高性价比的产品，产品已获得国家知识产权局发明专利、实用新型等专利以及行业颁发的多项殊荣，巩固了亿立能科技在行业中的领先地位，同时也获得了市场和客户的一致好评。

公司产品主要应用于水利信息化监测、山洪及中小河流预警系统、水库水位、水资源、水文水电站等水位监测；资深的技术人才，高素质的营销及服务团队，亿立能现具备实现年生产2万套水利信息自动化设备能力。

优秀产品推荐

一、YLN-SMQ00QB 气泡水位计

1. 产品简介

公司专业专注高端传感器（气泡水位计、地下水自动水位计、蒸发等）水文仪器等的研发和生产，气泡水位计是主导的一款产品，主要应用于水利、水文、中小河流、山洪灾害防治与预警系统、水库、水资源，水力发电厂调度、石油、化工、污水处理厂、水厂以及大坝测压管水位等监测的重要部分，我公司通过7年多自主研发现场应用和生产的高精度水位传感变送器，实现单独通过上位机软件进行远程参数设置和数据修正技术，保证了传感变送器的高精度、高可靠性、高智能化、高性价比，该水位计主要用于水文站水位观测点不便建井或建井费用昂贵的地区。

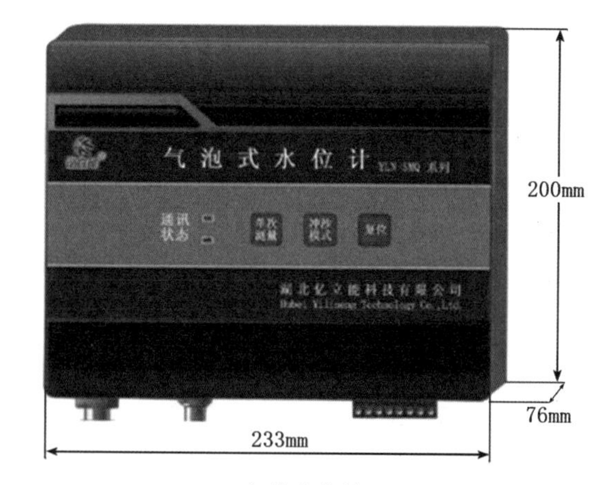

气泡水位计

气泡水位计进行了现场防雷设计：气管直通水下与导体绝缘，由于水下没有电子部件使用寿命长达10年。该系统在最小每分钟测量一次的情况下具有8年的使用寿命。内存可扩充到8M；边界警报；智能控制气泵，无需维护，由系统自动调节功耗，保证精度压差测量原理，无零点漂移：即使在盐水水位、油、其他化学液体或污染等水体中，数据也能快速、稳定而准确；河道变化，水位陡涨陡落仍能快速采集、传输。

2. 技术参数

（1）量程：0～80m；可选：0～10m、0～15m、0～20m、0～30m、0～40m、0～50m、0～60m、0～70m、0～80m（最高可达100m）。

（2）供电电压：DC9.6V～23VDC。

（3）分辨率：1mm。

（4）精度：±0.03%/FS（根据量程的变化有所不同）。

（5）温度漂移：0.001%FS/℃。

（6）模拟输出：0～5V，4～20mA。

（7）长期稳定性：≤±0.1%每年（无零点漂移）。

（8）工作温度：－20～65℃。

（9）湿度：98%RH。

（10）动力形式：微型隔膜打气泵（气源是天然空气）。

（11）气压稳定形式：自动气压、气路衡流稳定功能。

（12）内存：8M（可选择扩充内存1G，约82万条数据存储量）。

（13）应用范围：水位、油、其他化学液体等。

（14）软件功能：带上位机软件方便进行参数设置和数据修正技术，特别具有自检、故障记录、自动重启和自动修复功能。

（15）测量间隔：1min～24h。

（16）测量速率：根据水位或液位快速涨落，（变化速度5～10m/h）瞬间采集、处理、传输数据。

（17）数字通讯输出：MODBUS、RS232或RS485或SDI-12自动覆盖、连接（选配：格雷码或USB接口进行数据读取下载）。

（18）静态功耗：小于5.3mA（升级版0.8mA）。

（19）休眠功耗：小于0.5mA。

（20）运行特点：免维护离子膜空气过滤器。

（21）设置：全量程内可设置，量程过载保护。

（22）密度设置：测量介质密度任意设置。

（23）传感器特性：50%过量程保护，极高的长期稳定性。

（24）使用寿命：大于5000万次采集，0～100%FS，在25℃情况下，绝缘＞10MΩ@300V。

（25）防护等级：IP54。

（26）测量气管：3/8。

（27）气管工作温度：－35～125℃（可选）抗老化、抗拉（压）力强（1000N）、不变形、不裂口、阻燃、长寿命（长达10年使用寿命）。

二、YLN-YLBJ03雨量报警器

1.产品简介

报警雨量器是亿立能科技自主研发生产的智能报警雨量器，用以测量自然界降雨量，同时将降雨量转换为数字信息输出，报警器能够外接不同的雨量信号，可连接简易的报警雨量器、称重雨量计或翻斗式雨量计。

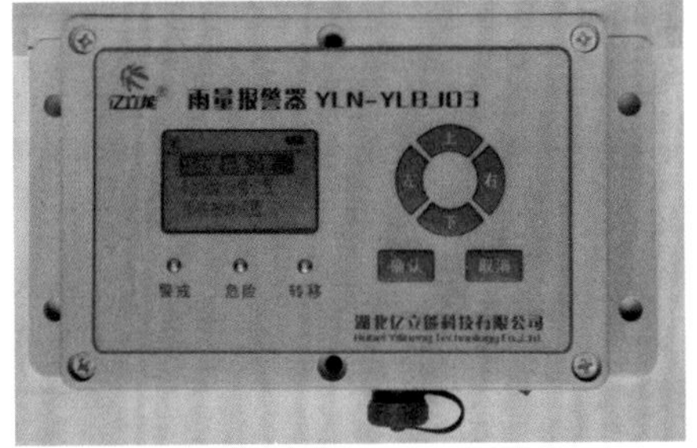

雨量报警器

报警雨量器主要由雨量计和主机报警器组成，6V DC供电，内置4节1号干电池，超低功耗设计，耐电量只需半年或一年更换一次电池，雨量计主要由量筒和承雨口组成，能够24h全天候在线自动测量降雨量；报警器能够处理传输过来的雨量信息并准确响应于警戒、危险和转移三个量级的降雨量，对于处在不同的降雨量将发出不同的声光报警。并具备场雨量和时雨量双重报警，LCD显示，按键操作，24h雨量储存功能，现

场设置参数等人性化功能。

2. **技术参数**

（1）测量精度及范围。

①测量精度：±0.5mm（雨量）。

②雨强范围为：允许通过最大雨强，80mm/min，无盲区。

③分辨率：0.1mm（雨量）。

④量程：300mm，其他量程在0～800mm可定制。

（2）电气特性。

①供电方式：雨量计4～7V；报警器4～6V内置电池管理系统，4节1号干电池。

②静态功耗：雨量计＜0.1mA；报警器＜0.3mA(6V)。

③通信方式：RS485。

④工作温度：0～65℃。

⑤存储温度：雨量计（－40～85℃），报警器（－20～80℃）。

⑥湿度环境：雨量计，98%RH；报警器，90%RH。

（3）功能特性。

①显示：可实时显示当前当场雨量，多时段雨量。

②按键操作：可视化菜单，现场设置报警阀值、系统参数等。

③报警功能：具有分级的声光报警功能，可现场分级设置报警阀值（警戒、危险、转移）。

④报警值偏差：在设定的报警阀值下，仪器仍能正常报警，偏差≤±1mm。

⑤免维护：内置电池管理系统，能自动检测电池电压，只需半年或一年（视工作状况）更换一次电池（4节1号干电池），使用寿命长。

⑥远程测控：具有通信接口，支持远程测控。

⑦远距离传输：RS485方式有线传输距离大于800m，（无线传输距离大于80m可选择），并具有抗干扰措施。

⑧报警方式：具有分级的声光报警方式，并有字符显示报警等方式。

⑨存储：具有24h雨量存储功能。

三、YLN-D08雷达水位计

1. **产品简介**

YLN-D08雷达水位计，不受温度、湿度、气压、雨雪和风沙等环境因素的影响，相当稳定，使得雷达水位计在其工作范围内具有相当高的精度，且不需维护。

该产品适应于河流水位、明渠水位自动监测、水库坝前、坝下尾水水位监测、调压塔（井）水位监测；潮位自动监测系统，城市供水，排污水位监测系统。

该产品是目前国内外精度最高、可靠性最好的水位计之一；抗干扰能力强，不受温度、风、蒸汽等影响；无机械磨损、非接触型测量，寿命长，易维护；测量与水质无关，不受浮冰等漂浮物影响；不需要防浪井，对水流无影响；可无人值守连续在线采集；超低功耗，支持太阳能供电；可进行无线组网传输，无需开挖电缆沟，对渠道衬砌、植树等工程施工无影响。

雷达水位计

2. **技术参数**

（1）特点及配置：26GHz高频雷达。

（2）过程连接：螺纹G1-1/2英寸A/法兰（选配）。

（3）无法兰和显示器（选配）。
（4）供电电源：DC 6～24V/四线。
（5）防护等级：IP67/IP65。
（6）量程：30～70m。
（7）测量精度：±3mm。
（8）信号输出输：4-20MA/HART，RS485/Modbus协议。
（9）LCD现场显示（选配）。
（10）过程温度：－40～100℃。
（11）相对湿度：0～95%。
（12）过程压力：常压。
（13）外壳：铝/塑料。

四、YLN-M2型全自动地下水位监测仪

1.产品简介

YLN-M2型智能液位变送器是一款全不锈钢设计高密封性，投入式高智能液位测量传感器，采用高稳定性、高敏感度芯体，陶瓷电容压力传感器，具有高稳定性和可靠性，采用高精度的高智能化变送器处理电路，同时具有温度的测量的液位监测产品。

该产品适用于地下水无线监测、水电站调压井、大坝、化工及敞口油罐等液位监测。

2.技术参数

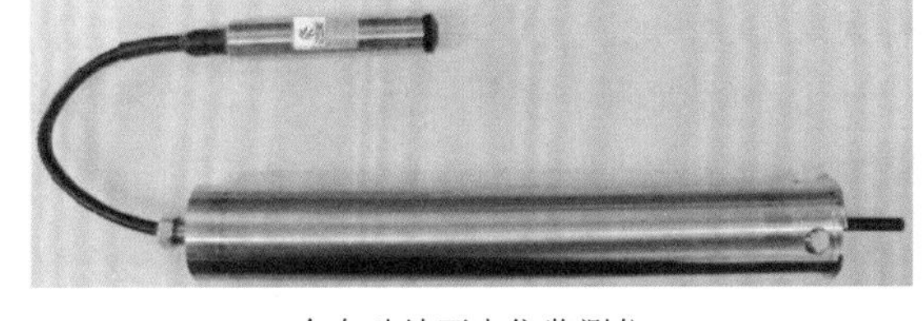
全自动地下水位监测仪

（1）输出：RS485。
（2）供电(U)：3.7V。
（3）精度(最佳直线)：0.025%FS。
（4）频响：100Hz。
（5）分辨率：0.002%FS。
（6）长时间稳定性：量程≤1bar:1mbar，量程＞1bar:0.1%Fs。
（7）阻抗(Ω)：＜(U-7V)/0.02A(2线)。
（8）绝缘@50V：＞100MΩ/50V。
（9）贮存/使用温度范围：－20～80℃。
（10）耐用性：10×106次压力循环，25℃。
（11）振动：20g(5～2000Hz，最大振幅3mm)。
（12）冲击：20g(11ms)。
（13）防护等级：IP68，防冰。
（14）接液材质：不锈钢316L/氟橡胶/PE。
（15）测量死区：＜0.1mm^3。

单位名称：湖北亿立能科技有限公司
单位地址：湖北省宜昌市开发区发展大道30号B座
联 系 人：唐丽
邮政编码：443000
联系电话：0717-6852546
传　　真：0717-6850673
网　　址：http://www.yny7.com
E-mail：346557064@QQ.com

北京古大仪表有限公司

公司简介

北京古大仪表有限公司位于北京昌平区北七家宏福创业园，凭借良好的地理优势，本着精益求精，开拓创新的精神，着力打造一支具有理论知识和实践经验的自动化仪表专业技术团队。公司目前拥有超声波、雷达等七个系列四十多种产品，为用户提供从设计、制造、安装到调试等一系列服务，技术已达到世界同类产品的先进水平。

公司办公环境

古大仪表有限公司是国内领先的物位仪表研发生产公司，在物位测量仪表的研究、开发、生产、销售和服务等方面，古大始终保持国内的领先地位。古大是一个团结和谐的集体，我们的员工善良，聪明，积极进取，以开发国内技术领先的仪表，推动民族工业发展为己任。我们对用户的满意度抱有强烈的使命感，对产品的质量抱有高度的责任感，同时我们也为自己创造性的劳动而充满自豪。

作为一家专业的物位仪表研发生产公司，我们致力于为用户提供质优价廉的产品。公司目前拥有射频导纳开关、一体化超声波物位计、分体型超声波物位计、脉冲型雷达物位计以及导波雷达物位计七个系列四十多种产品。公司在熟悉掌握国内外先进仪表技术的基础上，投入大量人力、物力、财力进行独立研发，力争创新。我们的每一件产品都是研发和生产人员着力完善，精心调试的成果。

优秀产品推荐

雷达水位计

雷达水位计 GDRD56

1. 产品简介

雷达物位计天线发射极窄的微波脉冲，这个脉冲以光速在空间传播，遇到被测介质表面，其部分能量被反射回来，被同一天线接收。发射脉冲与接收脉冲的时间间隔与天线到被测介质表面的距离成正比，从而计算出天线到被测介质表面的距离。

本产品精度高，抗干扰能力强，不受温度、湿度及风力的影响，安装、调试、使用简单，功耗低等特点。适用于湖泊、河道、水库、明渠、潮汐水位等水位监测。

2. 技术参数

（1）测量范围：0～30M/0～70M。

（2）工作频率：26GHz(PTOF)。

（3）测量精度：±3mm。

（4）信号输出：RS-485输出接口/Modbus通讯协议。

（5）功耗：max.15mA(12V.DC)。

3. 工程实例

（1）江西南昌远程水文监测控制站——GDRD56型雷达水位计，用于大坝水位监测。

（2）黄河流域水文监测站——GDRD56型雷达水位计，用于黄河干流水位测量。

（3）北京市山洪灾害防治非工程措施建设项目——GDRD56型雷达水位计，用于平谷区、昌平区山洪防御监测站。

（4）黄河治理内蒙古段河套治理项目——GDRD56-P型雷达水位计，用于黄河内蒙古段干流水文监测站水位测量。

（5）陕西省商洛水文监测项目——GDRD56型雷达水位计，用于陕西洛河商洛水文监测站水位测量。

（6）山西太原汾河水文监测——GDRD56型雷达水位计，用于山西太原汾河流域水文监测站水位测量。

山西太原汾河水文监测

陕西省商洛水文监测项目

北京市山洪灾害防治非工程措施建设项目

黄河治理内蒙古段河套治理项目

单位名称：北京古大仪表有限公司
单位地址：北京市朝阳区东四环中路62号远洋国际中心D座1303
联 系 人：徐海峰　　邮政编码：100025
联系电话：010-59648788　　传　　真：010-59648789
网　　址：http://www.godacn.com　　E-mail：xhf@godacn.com

浙江中水仪表有限公司

公司简介

“无源自控水表”是由本公司自行研发、自行制造的冷水水表，LXSJS □ -1Y ～ XSJS □ -2Y 无源自控水表性能符合 GB/T 778—2007 国家标准和 Q/LZS 001—2011 企业标准，并已获得两项国家发明专利、三项实用新型专利和一项外观设计专利，是国内首创产品，独家生产。产品填补了该领域的国内空白。

公司开发的“带 RFID 无源自控水表”经过一年多时间的试制，现已试制成功，主要技术文件完备，生产设备、工艺、工装已经小批量验证，符合投入批量生产要求，实物质量经检测，各项技术指标均符合 GB/T 778.1—2007《封闭满管道中水流量的测量饮用冷水水表和热水水表　第 1 部分：规范》、GB/T 778.3—2007《封闭满管道中水流量的测量饮用冷水水表和热水水表　第 3 部分：试验方法和试验设备》、CJ 266—2008《饮用水冷水水表安全规则》、JJG 162—2009《冷水水表》和 GZ41190301 冷水水表 101—2009《浙江省冷水水表产品质量监督检查评价规则》相关标准要求，可以独立生产。

无源自控水表制造精良，造型美观，操作简便，性价比高，被广泛使用于城乡家庭用水和建筑工地用水，彻底解决了抄表难、收费难的问题，为农村安全饮用水长效管理起到保障作用。与浙江大学联合开发的“中水用户服务系统软件”，不仅有效地提高了供水企业的经济效益，同时极大地完善了供水行业服务管理体系。

2008 年，无源自控水表已通过浙江省重点技术创新产品鉴定，被编入《国家计量技术法规统一宣贯教材》，同时被水利部技术推广中心列入《2009 年度水利先进实用技术重点推广指导目录》认定为水利先进实用技术，在农村安全饮水工程长效管理中推广使用，2011 年入选水利部“全国农村饮水安全工程材料设备产品信息年报”，同年被浙江省科技厅认定为“科技型企业”，2012 年被评为“浙江省科学技术成果”等诸多荣誉。

优秀产品推荐

无源自控水表

无源自控水表

1. 产品简介

无源自控水表是自主开发的实用新型专利产品，具有独创性。该产品核心技术是以旋翼式表芯的计量机构为基础，选用其中一只齿轮，运用弹簧平衡阻力的原理，实现定量控制信号的传递，并通过棘轮定位机构和外置定量器，使水表在用水量达到预置数值后自动切断水流。该产品采用全机械方式实现预收费功能，在水表预收费控制技术上有创新，并取得了自主知识产权，具有无需电源、性能稳定、不受环境条件影响、性价比高等优点。该项目采用机械方式对水表流量定量控制技术方面在国内处于领先水平。

2. 技术参数

（1）最大允许误差。

①在从包括 Q1 在内到不包括 Q2 的低区中的最大允许误差为 ±5%。

②在从包括 Q2 在内到包括 Q4 的高区中的最大允许误差为 ±2%。

（2）密封性和耐压强度。

①在规定的水静压力和持续时间下无泄漏、损坏。

②出厂检验时，水表应能承受水压强度为1.6MPa持续1min的试验，应不泄漏、渗漏和损坏。

（3）控制功能。

控制功能由定量机构完成，要求：

①各齿轮转动灵活，无卡阻、串动现象。

②通过模拟定量器达到所需购水量。

③达到用水量时自动关阀，切断水源，实际用水量与模拟定量器购水值相符，误差不超过 $\pm 2m^3$。

（4）阀门性能。

①功能检查：阀门达到购水用量时，应能自动关闭。

②裕度试验：在0.02MPa及1.0MPa时，在常用流量下，阀门关闭。

③耐用性试验：常压下阀门开关100次后，仍启闭灵活。

产品经浙江省计量科学研究院检测，其主要技术指标达到Q/LZS 001—2008企业标准要求，产品经用户使用，质量与性能稳定，用户评价良好，具有较好的经济和社会效益。

生产用全不锈钢水表校验装置

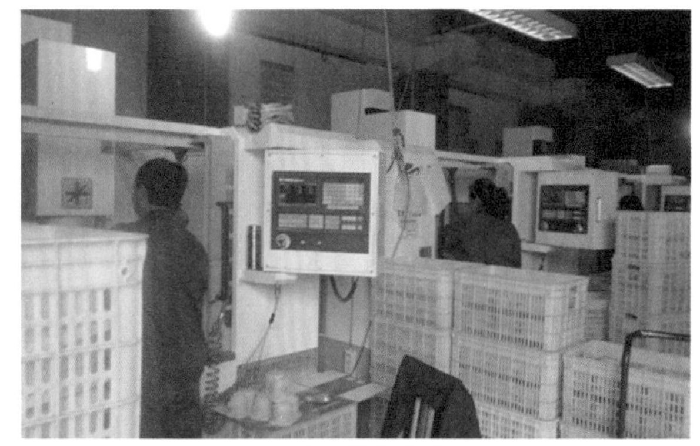

生产用数控铣床

带RFID无源自控水表

生产用塑料注射成型机

单位名称：浙江中水仪表有限公司

单位地址：浙江省衢州市龙游县北工业区开泰东路1号

联 系 人：周荣根　　邮政编码：324400

联系电话：0570-7835168　　传　　真：0570-7835378

网　　址：http://www.zhongshuiyb.com　　E-mail：zhongshuiyb@126.com

山东潍微科技股份有限公司

公司简介

山东潍微科技股份有限公司（原潍坊市潍微科技有限公司）成立于1992年，是一家以技术开发为主体的民营科技企业，专业致力于远传水、电、气、热四表及抄表系统的研发、生产与销售。潍微牌系列产品主要有：水、气表传感器，脉冲远传水、电、气表，计数和无源厚膜直读式远传水、电、气表，手抄、电话、宽带、GPRS/GSM无线抄表系统，水资源监控系统，水、气表户外显示仪、水表远传流量计等。

自公司成立以来，始终坚持以市场为导向、科技开发为龙头，不断推陈出新，共获得国家专利33项、科技部创新基金项目两项、省市科技成果项目三项，是“国家高新技术企业”、“中国专利山东明星企业”，“中国计量协会会员单位”，2010年由山东省科技厅批准设立为“山东省智能抄表工程技术研究中心”。

公司董事长潘柯先生一直致力于攻克远传水表相关难题，先后申请专利20多项，是国家标准《基于户用脉冲计量表的数据采集器》的主要起草人之一。曾被国家科委、团中央授予“星火科技带头人”荣誉称号，历任第九届、十届、十一届青州市政协委员。

由于持有多项远传抄表方面的技术发明，潍微公司的产品以其准确可靠而闻名于本行业，曾被奥运水立方、北京广播电台、奥运媒体村、解放军总医院等数百家国家级重点工程优先采用。截止2012年，已累积售出远传水表产品200多万只，成为行业公认的远传水表第一品牌。凭借着雄厚的研发实力，潍微公司在电话网、宽带网、GPRS/GSM、手掌电脑、微机联网等抄表系统应用方面均有规模化成熟应用的案例，并具备根据用户要求快速规划设计和实施的能力。潍微公司是目前国内在远传表和抄表系统方面专业化最强的企业之一。

优秀产品推荐

一、远传水表

1. 产品简介

“潍微”牌远传水表是在普通水表基础上加装“潍微”专利传感器改装而成，将水表的机械信号转换成电信输出。它采用自保持开关专利技术，有效克服了感应点颤动误发信号的弱点，信号传输准确无误，是建设部推荐产品（推荐证书号：01260）。

远传水表

2. 产品特点

（1）开关量输出，传输距离远。

（2）信号传输准确。专利设计的自保持开关结构保证远传表具有自保持功能，克服了由于水锤等临界点的颤动误发信号的缺点，信号传输准确，可确保千万次信号无误差。

（3）防磁。采用不锈钢外壳，并加屏蔽层，可有效防止磁场干扰，防止用户盗水现象的发生。

（4）具有短线、断线检测功能。适时监视用户的非正常用水状态。

（5）对系统的适应性强。可根据采集系统的要求设计内部电路，轻松适应各类抄表系统；可根据用户需求设计每个开关量对应0.001m^3、0.01m^3、0.1m^3、1m^3水。

（6）密封、防盗。远传表采用全密封结构，可防潮、防水；不管将远传表正接、反接，均能按实际用水量正常累加，杜绝将水表反接盗水现象的发生。

（7）通用性强。可根据用户要求采用不同厂家的基表。

（8）使用寿命长。整只远传表达到普通水表寿命，远传部分可用十年。

3. 技术参数

（1）最大开关电压 DC 100V。

（2）最大开关电流为 0.5A。根据客户需要内置电阻的不同，电流的最大值可参照电阻的允许电流值（内置电阻一般为 1/6W）。

（3）使用温度：冷水表传感装置：0.1 ～ 30℃。

（4）脉冲常数可根据用户需要设置为 10P/m³、1P/m³，推荐设置为 1P/m³。

二、流量计

1. 产品简介

TDS-100F 系列固定分体式超声波流量计广泛应用于工业现场中各种液体的在线流量计量。主体分为壁挂标准型、壁挂防爆型、盘装型和本地显示型（F4 型主机）；传感装置分为外缚式、插入式、管段式等。

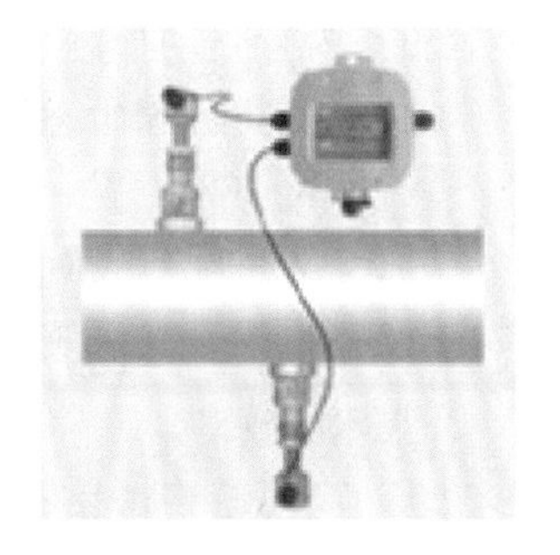

流量计

2. 技术参数

（1）测量精度：优于 1%。

（2）重复性：优于 0.2%。

（3）测量周期：500ms（2 次 /s，每个周期采集 128 组数据）。

（4）工作电源：220V AC/8 ～ 36V DC。

（5）最大流速：64m/s（流速分辨率 0.001m/s）。

（6）显示：2×10 汉字背光液晶可显示瞬时流量及正、负、净累积流量、流速等。

（7）操作：4×4 轻触键盘（F4 主机磁性 4 按键）操作。

（8）信号输入：3 路 4 ～ 20mA 模拟输入，精度 0.1%，可输入压力、液位、温度等信号；2 路三线制 PT100 铂电阻。

（9）信号输出：1 路隔离 RS485 输出；1 路 4 ～ 20mA 或 0 ～ 20mA 输出；1 路隔离 OCT（脉冲宽度）6 ～ 1000ms 之间可编程，默认 200ms；1 路继电器输出（脉冲宽度 200ms）。

（10）数据存储：选配内置数据存储器（SD 卡）可存储时间、瞬时流量、累积流量、信号状态等，通过专业软件可将数据导入计算机，便于统计与管理。

（11）通讯协议：MODBUS 协议，M-BUS 协议，FUJI 扩展协议，并兼容国内其他厂家同类产品的通讯协议。

（12）其他功能：自动记忆前 512 天、前 128 个月、前 10 年正 / 负 / 净累积流量；自动记忆前 30 次上、断电时间和流量并可实现流量的自动和手动补加，可通过 MODBUS 协议读出；可编程批量（定量）控制器，故障自诊断功能；可通过 E-mail 传送来的代码文件实现软件升级。

（13）防护等级：传感装置 IP68，F4 主机 IP68，其余主机 IP65。

（14）防爆等级：EXd Ⅱ BT4（TDS-100F2 型）。

三、GPRS 大表监控系统

1. 产品简介

WWGF-2 型无线抄表发射器采用市电供电或电池供电，可采集串口水表、脉冲水表的流量数据，可采集水位、压力、水质变送器的数据，通过短信或 GPRS 网络传输数据。广泛用于管网监测、大客户抄表、流量监测等领域。

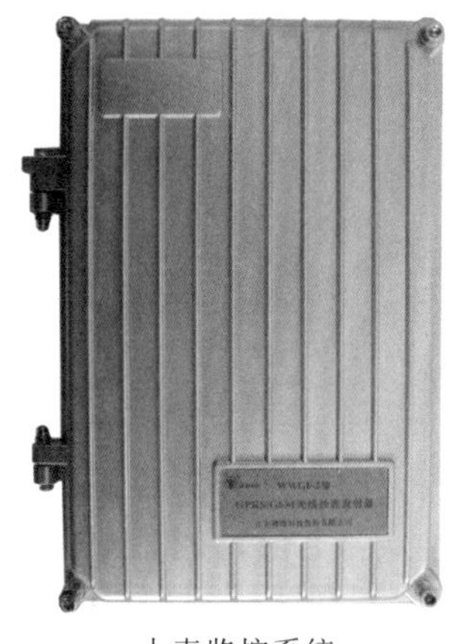
大表监控系统

2. 产品特点

（1）可设置协议类型、系统密码、使用类型、工作模式。

（2）兼容其他 GPRS 通信协议。

（3）支持专线、VPN 专网多种组网方式。

（4）支持多中心数据通信。

（5）支持 UDP、TCP 协议。

（6）与现场设备串口连接即可使用，数据透明传输。

（7）GPRS 网络和短消息双通道传输数据。

（8）采用西门子无线模块，工业级设计、适用室外恶劣环境。

（9）内置自动检测系统，不死机，掉线、断电自动恢复。

（10）支持各家组态软件，支持集成商开发的系统软件。

（11）可串口设置、GPRS 和短消息远程设置工作参数。

（12）随机配置设置软件。

（13）自行开发系统软件的客户提供前置机通信软件。

3. 技术参数

（1）产品结构：导轨式。

（2）通信接口：1 路 RS232 或 485 串口。

（3）串口速率：300 ～ 9600bps。

（4）通信误码：$\leqslant 10^{-4}$。

（5）工作环境：温度：－20 ～ 70℃；湿度：≤ 95% 无凝露；无腐蚀、无爆炸环境。

（6）供电电源：10 ～ 30V DC。

（7）模块功耗：待机耗电：1W；发射耗电：2W。

水资源控制柜

四、水资源监控系统

1. 产品简介

水资源控制柜是水资源实时监控系统中安装在遥测站中的核心设备，具备计量数据采集、测量数据采集、设备开关状态采集、余量充值管理、用水控制管理等多项功能，支持数据远程通信。

2. 产品特点

（1）测控终端同时支持 GPRS 无线网络通讯和 IC 卡通讯，系统具有可扩展性，兼容性强的特点。

（2）现场实时采集显示当前瞬时流量、累计流量、剩余流量等信息。水表选用具有断线检测信号输出的双脉冲水表。

（3）具有现场手动、远程手动、远程自动控制电动阀门开启、关闭，检测开到位、关到位反馈信号及显示功能。

（4）具有蓄电池接入功能，具有交直流供电状态检测、箱门状态检测功能。

（5）支持水量控制管理。根据剩余许可排放水量情况自动控制给排水。当剩余许可排放水量不足时，测控终端可以自动关闭电动阀门，再次下方许可排放水量后终端自动开启电动阀门。不管剩余许可排放水量是否大于零，上位机可以强制开启、关闭电动阀门。

（6）在停电（无外部220V供电）条件下，可以无线传输数据，可以监测管排水流量，但不能控制电动阀。送电后，测控终端自动检测设备运行状态，若欠费，自动关闭电动阀门。

（7）具有打印功能，在用户用完水刷卡后自动关闭电动阀门并打印用水量及金额。

3. 主要配置

（1）WW-7201水资源控制器：1套。

（2）开关电源（CD-40A/DC12V）：1只。

（3）信号继电器（含底座DELIXI HH53P）：5只。

（4）空气开关（DZ47-60/C3/2P）：1只。

（5）接线端子、转接端子及挡片、止动座：1组。

（6）室内型金属机箱（50cm×40cm×18cm）：1个。

（7）微型打印机：1台。

水表实验室（1）

水表实验室（2）

WWSC-G-1GPRS数据传输模块

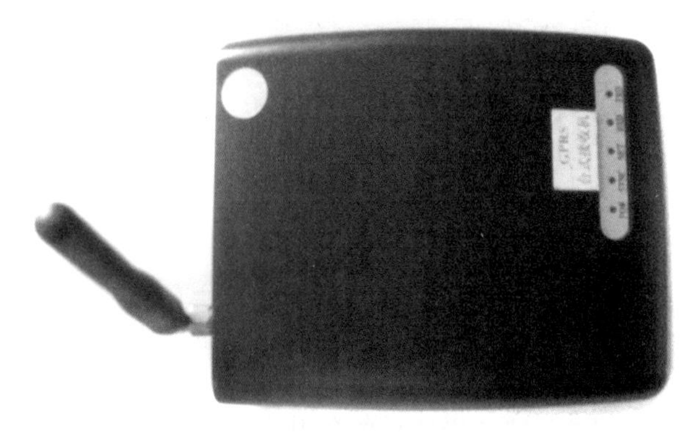

WZCD-1B GPRS-GSM智能测控终端

单位名称：山东潍微科技股份有限公司

单位地址：山东省青州市昭德南路3789号　　邮政编码：262500

联 系 人：郭瑞芳　　服务热线：400-06-21366

联系电话：0536-3200347　　传　　真：0536-2136888

网　　址：http://www.china-weiwei.com　　E-mail：ww2006911@163.com

徐州市伟思水务科技有限公司

公司简介

徐州市伟思水务科技有限公司是专业化、规模化的民营股份制高新技术企业，现有各类资深专家、高工28人、中高级技师16人，大专以上学历科技人员占全部员工的60%以上，企业年产七大系列40余种型号规格的水文、水利仪器及系统设备达15万余台/套，是业内知名的品牌企业。迄今企业已获得“自收揽浮子式水位计”、“电子虹吸数字式雨量计”、“双稳态翻板式翻斗雨量计”、“数字蒸发计”等12项国家发明及实用新型专利，专利成果总数及其实施规模均居行业首位。伟思的创新成果代表了水文水利仪器数字化、现代化的发展方向。

规模化、高效率的伟思：伟思在业内率先实现水文仪器零部件模具化或数控机床加工制造，并建立了计算机控制的40工位自动化流水生产线，极大地提升了生产效率及产品质量。

本公司已获得“WFX-40型数字水位计”、“JD系列 翻动式雨量计”、“FFZ-01型数字蒸发站”、“YD-1003型遥测终端机”等七个系列、型号产品的全国工业产品生产许可证，并通过了IS9001质量管理体系认证，并已建成大型水文仪器环境与可靠性试验站（蒸发站10个、雨量站40个、水雨站）对产品进行人工对比观测及可靠性验证，试验站已运行了8年，确保产品高品质。

优秀产品推荐

一、WFX-40型细井水位计

1.产品简介

大大减少了建井费用，缩短了工期。高分辨力、高可靠性，传感器为浮子和绝对值型旋转编码器，所测数据只与水位变化有关，无温度、零点漂移。传输、通信组网方便。

在一条屏蔽双绞线上，可以连接32个或更多个具有RS485通信接口的传感器、组成多点、多参数监测、监控系统。经济性好。

传感器加上通信接口、通信电缆的总成本低于其他系统，可靠性及使用寿命（光电传感器的寿命达10万h）高于其他系统，其综合性能价格比最优。

WFX-40型细井水位计

2.技术参数

（1）水位变幅：0～80m。

（2）浮子直径：45mm。

（3）分辨力：1cm。

（4）测量准确度：±2cm或0.2%×F·S。

（5）输出码：格雷码10～15bit。

（6）输出形式：触点开关（机械编码器）或OC门（光电编码器）。

（7）电源电压：12V/24VDC。

（8）MTBF：≥16000h。

（9）环境温度：－10～80℃（工业级：－25～85℃）。

（10）环境湿度：95%/40℃。

（11）尺寸：430mm×210mm×650mm（80m量程）。

（12）重量：18kg。

（13）传输速率：2400～19.2kbps。

（14）传输距离：1220mm。

二、JD系列翻版式翻斗雨量计

翻版式翻斗雨量计

1.产品简介

相对普通翻斗雨量计减小了原理性误差，使得雨量计测量误差减小，提高雨量计的测量精度。

本仪器采用了国家发明专利，在计量翻斗上方设置了双向翻板，大大缩短了翻斗降水切换时间，进而使仪器的计量误差缩小至≤±1%的领先水平，并使仪器的性能更加稳定。

本仪器属于高灵敏度、高精准型精密雨量传感器，使用过程中必须定期对仪器进行清洗、维护和检验，否则仪器可能失准、失效。

本仪器出厂时已将翻斗倾角调整、锁定在最佳倾角位置上，安装仪器时只需按照本说明书要求调整底座水平即可投入使用，切不可现场再调整翻斗倾角调整螺钉。

2.技术参数

（1）承雨口径：φ20000.60mm。

（2）刃口锐角：40°～45°。

（3）分辨力：0.1mm。

（4）雨强范围：0.01～4mm/min。

（5）测量准确度：≤±2%（符合国家标准Ⅰ级准确度要求），≤±1%（优级品，准确度优于国家标准Ⅰ级准确度标准）。

（6）发信方式：两路干簧管通、断信号输出。

（7）工作环境：环境温度：－10～50℃。

（8）相对湿度；＜95%(40℃)。

（9）尺寸重量：φ216×470mm，3.1kg。

三、FFZ-01数字蒸发站

数字蒸发站

1.产品简介

国内首家满足国家蒸发量观测规范的全自动化观测。FFZ-01型数字水面蒸发计由蒸发桶（池）和数字式水面蒸发传感器为蒸发量观测器具，以专用采集控制器采集处理蒸发数据并完成蒸发器自动补排水控制，实现水面蒸发过程的高精度实时在线测量。

2.技术参数

（1）蒸发量量测分辨力：0.1mm。

（2）蒸发量量测精度：蒸发量≤10mm，测量误差：≤±0.3mm。
蒸发量＞10mm，测量误差：≤±(0.3mm+1%F.S)。

（3）蒸发量量测范围：不小于20mm。

（4）输出接口：RS-485。

（5）电源电压：12V/DC（－5%～25%）。

（6）环境温度：0～+55℃。

（7）储存温度：－10～60℃。

单位名称：徐州市伟思水务科技有限公司
单位地址：江苏省徐州市解放南路凤鸣花园中组小区2-d-21号
联 系 人：吴春岩　　邮政编码：221009
联系电话：0516-83859628　　传　　真：0516-83859755
网　　址：http://www.weiser.cn　　E-mail：wcy7010@126.com

北京星地恒通信息科技有限公司

公司简介

北京星地恒通信息科技有限公司是由中国空间技术研究院与北京和协航电科技有限公司共同出资组建的股份制高新技术企业。

公司自2000年成立以来，专业从事北斗卫星定位导航系统产品的自主研发与生产，是集研发、生产、经营为一体的北斗用户机设备供应商与北斗技术方案提供商。

作为目前国内北斗用户机设备生产骨干企业，公司已经开发完成了全系列北斗用户机产品，包括指挥型系列、车载型系列、手持型、海用型、通信型、机载型、授时型、无源组合导航定位型和各种北斗OEM板卡等系列产品。

公司拥有强大的研发及生产能力。目前公司共有员工130人，研发人员60余人，获得多项产品专利及软件著作权，2008年公司参与研发北斗集群定位系统获得军队科技进步一等奖。公司占地面积5000余m^2，有整套的生产装配、测试流水线。目前月产能力可达1000台套。

公司产品除了应用于军方总奎、总装、总后等用户外。在民用领域诸如海洋渔业、物流运输、自然灾害监测、森林防火、电力授时等领域也获得了广泛的应用。

优秀产品推荐

一、XDP220YX北斗一号数传型用户机

1. 产品简介

北斗一号数传型用户机是北京星地恒通信息科技有限公司为满足客户的数据传输需求而研制的。该产品通过内部数据的流控功能，实现用户数据的透明传输。特别适用于偏远地区、无人值守地域自动采集数据的传输。

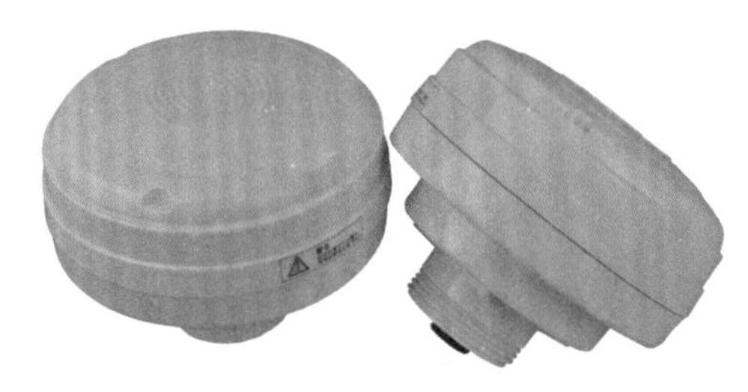

数传型用户机

2. 产品特点

（1）可同时接收3颗北斗卫星6个波束的信号，提高设备可用度。

（2）整机一体化设计，满足野外偏远地区高湿度、高腐蚀的环境。

（3）产品数据电源电缆采用底出口方式，防水性好。

（4）完成将用户数据收发转换的工作，实现对用户数据的透明传输。

（5）有2K数据缓存空间，利于实现大数据量的数据传输。

（6）本产品可选用省电与通电模式工作。省电模式下，设备功耗低于0.5W；在通电工作模式下，设备功耗低于5W。

（7）支持RS232、RS422/485等数据接口。

3. 性能指标

（1）接收指标。接收信号误码率：$\leqslant 1\times10^{-5}$（用户机天线端口输入信号功率≥-154.6dBW）。

（2）发射指标。发射功率EIRP值：≤19dBW（方位角0°～360°，仰角10°～75°）。

（3）接收卫星通道数。6个通道。

（4）设备零值。1ms±10ns。

4. 功能指标

（1）流程传输。执行北斗报文传输模式具有重发、握手反馈、丢包重发等机制，确保数据传输的成功率。

（2）传输模式。无流控制；硬件流控制：RTS/CTS、DTR/DSR；软件流控制：0xON，0xOFF(0x11和0x13)。

（3）心跳包设置，可设置心跳包时间间隔，以查验设备工作状态。

（4）支持用户数据的缓存及透明传输。

（5）具备看门狗功能，在异常情况下能够自动复位。

（6）支持一个用户长报文传输，每包长度最大1500字节，设备可自行分包、拼包，按北斗用户卡规定的字节数进行分包传输。

二、XDP200YX北斗一号普通型用户机

1. 产品简介

北斗一号普通型用户机用户机是北京星地恒通信息科技有限公司为了适应野外恶劣使用环境而研制的北斗产品，用户可利用该产品实现北斗定位、短信息通信功能。

普通型用户机

2. 产品特点

（1）产品具有同时完成北斗定位和通信功能。

（2）可同时接收3颗北斗卫星6个波束的信号。

（3）整机采用高强度非金属材料一体密封式设计，适应野外特殊使用环境。

（4）产品数据电源电缆采用底出口方式，防水性好。

（5）螺杆支架固定，便于安装。

3. 性能指标

（1）接收指标。接收信号误码率：$\leqslant 1\times10^{-5}$（用户机天线端口输入信号功率≥－154.6 dBW）。

（2）发射指标。发射功率EIRP值：≤19dBW（方位角0°～360°，仰角10°～75°）。

（3）接收卫星通道数：6个通道。

（4）设备零值：1ms±10ns。

4. 功能指标

（1）定位功能。北斗定位功能。

（2）短信息通信功能。

单位名称：北京星地恒通信息科技有限公司
单位地址：北京市海淀区西小口路66号中关村东升科技园A-1号楼
联 系 人：郑敏　　邮政编码：100192
联系电话：010-82701800　　传　　真：010-82701868
网　　址：http://www.xdht.net　　E-mail：zhenmin@xdht.net

北京润华科工科技有限公司（江苏科工科技有限公司）

公司简介

公司全貌图

润华科工科技有限公司是水利部灌排中心所属从事水利电气自动化和信息化设备专业生产企业。在水利部灌排中心的领导下，公司以江苏科工科技（集团）有限公司为技术和生产依托，在农田灌溉、大中型灌区灌溉、农业高效节水灌溉、防洪排涝、流域调水、水处理和供水、水文水情测报等领域提供高科技产品和技术，在水利电气自动化、信息化方面提供全面的技术支持和服务。

以COCON-PU系列泵站电气信息化自控装置等为代表的多项公司产品，先后通过了水利部部级新产品鉴定，并被列为水利部重点推广新技术产品，此外还取得了多项国家发明和实用新型专利，通过了国家智能电气3C安全认证和水利部专业检测机构的全面性能测试和检验。COCON PU系列泵站电气信息化自控装置和COCON GT闸门智能测控一体化设备在全国水利行业得到了广泛应用，目前已有近1000台套设备在全国近100个水利用户单位投入运用，特别是在农业高效节水灌溉、乡镇农田灌溉、中大型灌区集中灌溉、防洪排涝和水处理等方面得到了广泛应用。

润华科工按照水利部灌排中心的要求，以推广水利灌排新技术新产品为己任，为全国做好新技术推广和服务工作，将最新最先进的技术和产品推广应用到水利行业。润华科工的发展备受各大媒体关注，其中《中国水利报》于2013年3月1日刊登了一则名为“凝聚电气内核，做‘智慧’泵站——水利部灌排中心润华科工科技有限公司抢占水信息化制高点”的专题报道。该报以权威的角度对我公司及水利电气自动化产品做了重点宣传和介绍。

公司信息化产品

润华科工总部设在水利部灌排中心；研发、生产经营基地设在南京市江宁区高新技术产业园内，基地占地面积近26000多m^2，建筑面积近30000m^2。另外，在全国各地将设有技术推广服务中心（站），为各地水利部门提供技术服务。

润华科工将以服务水利为宗旨，不断发展新技术和新产品，并推广应用到水利行业，为国家水利现代化建设服务。

优秀产品推荐

泵站电气信息化自控装置

1. 产品简介

本项目产品因涉及电气主回路控制、智能电气测量及保护、智能软启/变频控制、过程自动化控制和信息化管理、视频监视、安全防盗报警和无功功率因素补偿等一系列的功能。在研发过程中将各项功能进行分解，将产品的主要功能分成若干个功能模块来实现。主要的功能模块包括如下：

泵站电气信息化自控装置

电气控制回路部分（包括主回路和二次回路以及智能软启单元）、智能电气参数测量及保护单元、智能软启功率模块、变频控制模块、主控单元、RTU 智能数据终端（远程信息终端）、工业液晶平板微型计算机（智能化计算机终端）、视频主机（录像机）、红外安防报警设备、智能无功电容补偿模块、远程通讯接口（3G、GPRS 模块）以及其他辅助设备组成。

启动过程应考虑快速性和电流过载能力，所以采用电压斜波和限流相结合的启动方案。对于电压斜波启动，软件控制移相触发器使得晶闸管的输出电压呈一定的斜率上升，从而起到软起的效果。限流软启过程采用基于模糊控制算法的多点控制策略，控制算法的基本原理是根据电机电流偏差 $e(t)$ 和其偏差变化率 $\Delta e(t)$ 进行运算得到控制电压 U_k，通过移相触发器控制晶闸管输出电压实现软启动。

运行过程中随工况变化负载功率因数随之变化，采用功率因数角负反馈闭环调节进行节能控制。同时，考虑到突加负载情况，为防止突加负载引起停车现象发生，配置突增负载工况的诊断和非线性升压控制措施；在负载很轻或空载情况下，为减少电机拖动设备的无效行程，提高节电率。

电动机运行的三相电流、电压、有功功率、无功功率、视在功率、功率因素、电度、频率等参数必须做到实时精确的检测，采用交流采样技术，在一个交流周波周期内至少要采样 32 个有效数据，并对这些数据进行实时处理，在数据库内复原交流曲线。

在对电动机数据采集的基础上，进行全面的数据分析判断，并根据不同数据走向趋势作出不同的故障报警和跳闸命令，根据预置在计算机内的曲线、表格和计算公式进计算、对比查表等操作。

2. 技术参数

（1）运行环境条件。

①室内最高环境温度：55℃。

②最低环境温度：-20℃。

③海拔高度：≤ 4000m。

（2）工作电源。

①三相四线制：380V（±15%）。

②频率：50 ～ 60Hz(±5%)。

（3）软启动控制。

①加减速特性：电压斜波。

②起始电压：37% 额定电源电压。

③加速时间：0.5 ～ 120s。

④减速时间：0.5 ～ 120s。

⑤启动方式：斜坡升压、斜坡恒流、阶跃、脉冲冲击启动。

⑥停车方式：可选自动停车或软停车方式。

（4）变频控制。

①控制方式：V/F 控制方式。

②频率输出：0 ～ 100.0Hz。

③过载能力：150% 额定电流 10s。

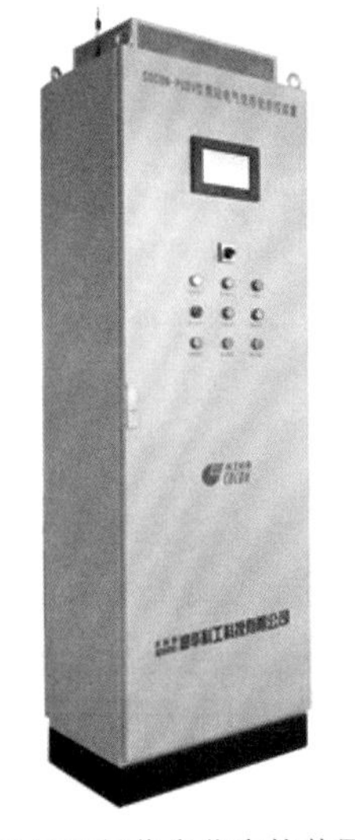
泵站电气信息化自控装置

④闭环控制：PID 调节。
⑤ V/F 曲线：直线型、平方型、自定义曲线。
（5）通信接口。
1 路 TCP/IP 以太网接口、1 路 RS232、2 路 RS485 接口等，所有接口全部与外部电气隔离，并有防雷击、浪涌等措施。
（6）可编程 I/O 接口。
①根据不同型号设备配置 I/O 接口数量。
②开关量输入：32 路，可扩展，继电器隔离，AC240V 信号输入。
③开关量输出：16 路，可扩展，继电器隔离，无源触点（10A）输出。
④模拟量输入：16 路，可扩展，4 ～ 20mA 输入，RTD 输入，全部电气隔离。
⑤模拟量输出：8 路，可扩展，4 ～ 20mA 输出，全部电气隔离。
（7）视频监控录像主机。
①模拟视频输入：4/8 路（标配 4 路）。
②音频输入：4 路，RCA 接口。
③分辨率：PAL 制式 704×576、NTSC 制式 704×480。
④ VGA 输出：1 路，分辨率：1024×768/60Hz。
⑤硬盘类型：4 个 SATA 接口。
⑥最大容量：每个接口支持最大容量 2TB 的硬盘，标配 500G 硬盘。
（8）安防红外报警。
①报警通讯方式 :PSTN 市话网拨号传输报警信息或短信通知。
②存储接警号码：7 组。
③录音 / 放音时间：10s。
④监听时间：15 ～ 30s。
⑤报警时间：10min。
⑥报警响度：≥ 90dB，音量大、小可调节。
⑦标准配置不包括太阳能供电系统。
（9）无功功率因素补偿。
①无功控制误差：≤最小电容器容量的 75%。
②电容器投切时隔：> 10s。
③无功容量 : 单台≤ (20+20)kvar(三相）、≤ 20kvar（分相）。
④投切允许次数：100 万次。
⑤电容器容量运行时间衰减率：≤ 1%/ 万次。
（10）防雷接地。
对低压工频交流电源系统进行等电位连接，对雷击或浪涌引起的电网过电压进行保护。接地电阻≤ 1Ω。

3. 应用领域

COCON-PU 系列泵站电气信息化自控装置广泛应用于中小型排涝泵站、灌溉泵站、排灌结合泵站、供水泵站和排污泵站的电气控制、泵站自动化及泵站综合信息化管理。

COCON-PU 系列泵站电气信息化自控装置降低了中小型泵站建设成本、运行维护费用，提高了泵站运行效率和自动化控制及信息化管理水平；重要的是根据用户要求的不同，可以进行不同功能模块的组合，同时还可以根据用户使用条件及要求的改变通过增加模块的方式进行功能扩展和升级，以实现从简单到齐全，从基本到先进的提升。

此外，COCON-PU装置特别注重用户操控的简易性和设备运行的可靠性，普遍采用一键式操作，并且设计有故障状态下的紧急运行功能，即在任何状态下都确保设备能安全运行。

4.工程实例

（1）南京市江宁区2011年水利重点县工程。

根据“南京市江宁区小型农田水利重点县实施设计”，江宁区2011年水利重点县项目区位于江宁区南部禄口街道。

泵站更新改造10多座。圩区灌溉泵站或灌排两用泵站、排涝泵站，按照江宁区泵站改造规划，本次优先安排70年代老机老泵的更新改造，提高泵站装置效率，保证圩区农业生产的灌排能力。灌排两用泵站、排涝泵站采用卧式混流泵，泵房采用干式泵房；灌溉泵站采用卧式离心泵，泵房采用干式泵房。使用COCON PU系列泵站电气信息化自控装置近50套。目前该项目已投入实际运行6个月，并已通过工程验收。

（2）南京市滁河防洪治理工程。

滁河是南京市最重要的水利工程之一，南京市滁河防洪治理工程是贯彻中央和省委要求，加快水利的改革发展，推动水利现代化建设的重大行动，对提升滁河流域防汛排涝能力，完善沿滁地区水生态环境，保障区域经济社会发展产生积极而深远的影响。

在该工程中所有泵站全部采用COCON PU系列泵站电气信息化自控装置，近100套，目前该工程已全部投入运行并通过验收。

（3）溧水县2011年水利重点县工程高效节水灌溉项目。

溧水县2011年水利重点县工程高效节水灌溉示范片区项目中，项目地点在和凤镇，项目总灌溉面积7000亩，该区域部分为大棚栽培设施种植蔬菜，部分为果林苗圃。项目共使用COCON PU系列泵站电气信息化自控装置75套。

目前该项目一期工程已经通过验收并投入实际应用。

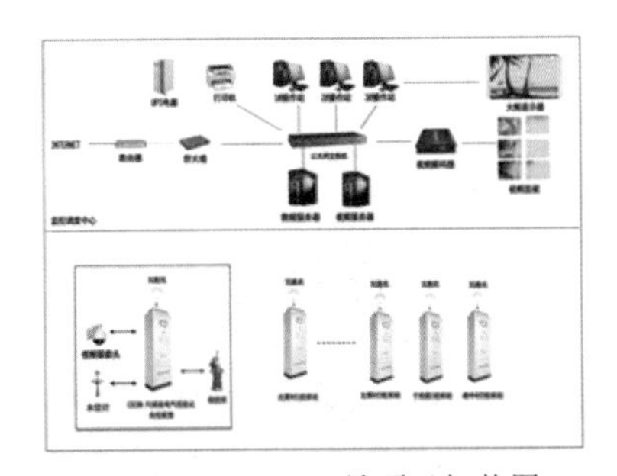

南通市通州区二甲镇项目拓扑图

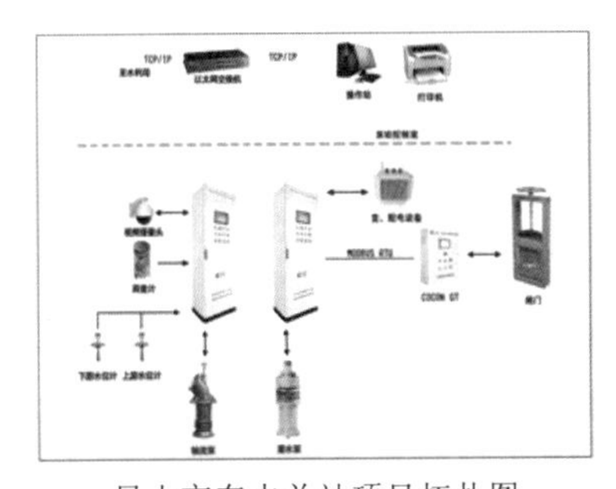

昆山市东水关站项目拓扑图

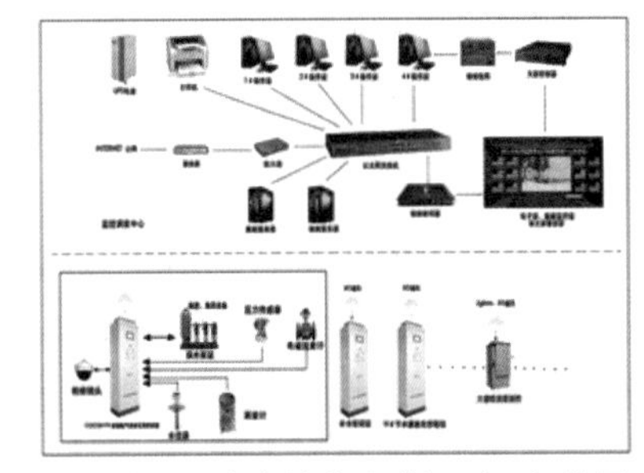

溧水县和凤镇高效节水灌溉项目拓扑图

单位名称：北京润华科工科技有限公司（江苏科工科技有限公司）

单位地址：江苏省南京市江宁区天元东路2229号

联 系 人：马恩禄　　　　邮政编码：211100

联系电话：025-68576040　　　　传　　真：025-68576006

网　　址：http://www.rhcocon.com.cn　　　　E-mail：kgmarket@126.com

http://www.cocon.com.cn

石家庄恒源科技有限公司

公司简介

石家庄市恒源科技开发有限公司成立于1999年10月，是河北省高新技术企业，注册资金1500万元（人民币）。公司下设行政、财务、研发、生产、质检、销售、工程和售后服务、物流等多个部门，以开发研制各种遥测系统、控制系统、计算机应用系统及网络工程为主，集自主研发、生产、销售、安装、调试、维护于一体，是具有自主知识产权的高科技企业。

公司现有员工50余人，其中高级工程师4人，工程师9人，专业技术人员20余名；各种车辆共11辆，其中工程服务用车7辆。公司主要从事水资源信息化管理系统、水资源远程实时监测（控）系统、山洪灾害防治监测预警系统、水质安全信息在线实时监测管理系统、城镇供排水信息自动化管理及监控系统、降雨及水位远程实时监测系统、水源热泵取用水远程实时监测系统、水资源智能IC卡收费控制系统及相应的办公自动化应用等的设计、研发和生产，产品主要应用于水利、电力、供水、环保等领域。业务网络覆盖北京、河北、辽宁、黑龙江、山东、山西、河南、陕西、江苏、湖北、新疆、内蒙古等省、自治区、直辖市，产品形成五大系列十几种型号，其中自主研发设计和制造的IC卡收费控制系统（核心产品为IC卡收费主控机）和水资源远程实时监测（控）系统（核心产品为遥测终端机）以及水资源信息化管理系统等软硬件产品已经先后被北京市朝阳区、丰台区、海淀区和昌平区，辽宁省沈阳、铁岭、本溪、朝阳、盘锦、辽阳和葫芦岛，河北省石家庄、邢台、邯郸、保定、沧州和秦皇岛地区，山西省晋中和阳泉地区，山东淄博以及陕西省、江苏省、黑龙江省、新疆维吾尔自治区等多个水利管理部门所采用，并取得不错的社会效益和经济效益。

公司通过了ISO9001质量管理体系认证，所有产品从设计开发、原材料采购、生产、检验、出厂等全过程，具有完善的质量控制手段，同时具有完善的售后服务措施。公司利用专业的人才优势、技术优势和管理优势，坚持自主研发和创新，运用先进技术，以科学的管理方法、过硬的产品质量，优良的售后服务，实现了产品的多元化和系列化，保证了产品的技术领先，成为国内同行业中的佼佼者。

优秀产品推荐

HYSYC-1A型水文水资源测控终端机

1. 产品简介

水文水资源测控终端机以高性能的嵌入式处理器为核心，采用先进的模块化设计，通过实时采集现场电子流量计、液位计、雨量计、水质分析仪等水资源监测仪表的信息达到实时监测的目的；在数据采集和转换上，将各种仪表的数字量、模拟量等信号统一转换成数字信号，从而实现了向下兼容各种仪表；在数据处理上，通过数据分析、处理，最终形成完整、规范的水资源实时监控数据，同时将这些数据存储在单独的数据存储器中，不仅保证了数据的可靠、完整，而且做到了数据的永久存储；在数据传输上，采用主动和被动两种方式与数据中心进行通讯，传输过程增加了数据完整性判断，将水资源实时监控数据有效传输到数据中心，这样一方面做到了主动上报和实时监控，另一方面保证了数据中心数据库的完整。

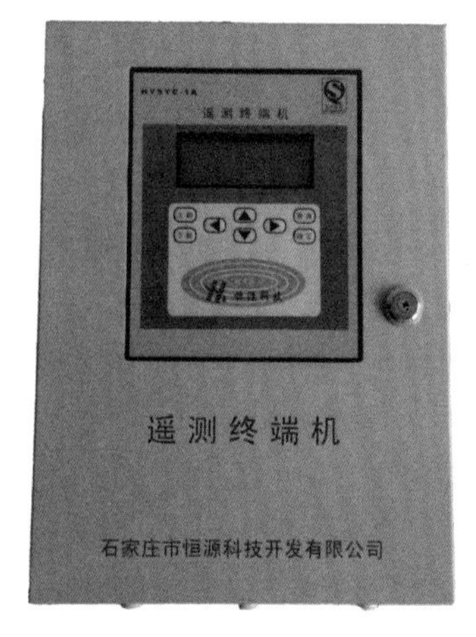

水文水资源测控终端机

2. 技术参数

（1）常温功能。样机参数设置功能正常，测控终端可根据使用要求设置网络编号、站号、密码、时间。通过GPRS网络进行水流量、水温、传感器线路状态、电池电压、水位等数据传输，样品定时自报及实时网络数据采集功能正常，符合标准要求。

（2）工作环境。在－10℃、50℃、95%RH（40℃时）三种工作环境条件下各保持4h，样机工作正常，符合标准要求。

（3）存储功能。测控终端配备8M容量FLASH存储器，存储功能正常，符合标准要求。

（4）检测报警。功能正常，符合标准要求。

（5）售卡功能。采用射频卡充值数据交换，充值时测控终端将卡内充值金额与测控终端中的剩余金额进行累加，功能正常符合标准要求。

（6）远程充值和启停泵控制。测控终端可远程充值，测控终端接收到充值命令以后更改测控终端剩余水量，管理中心依据卡内剩余金额实现启停泵控制，功能正常符合标准要求。

（7）电压波动。样机在交流187～242V范围内工作正常（额定电压为220V），符合标准要求。

（8）抗干扰。用620W冲击电钻，在距被测样机25cm处，按动开关10次，每次1min，经检测样机工作正常，符合标准要求。

（9）振动。在运输包装状态下，设置振动系统扫频振动频率为10～150～10Hz，扫频速度为1倍频程/min，加速度为2g、循环次数为3次的振动试验，试验后，样品均工作正常，符合标准要求。

（10）自由跌落。在包装状态下，距地面250mm高处，自由跌落在平滑、坚硬钢板上，次数为3次。试验后包装箱无开裂、变形。开箱后，样机无损伤，工作正常，符合标准要求。

3. 产品特点

（1）采用冗余和智能设计，可同时进行串口、脉冲量、开关量和模拟量的采集和识别，充分满足各种水资源计量参数（流量、水位、雨量、水质等）的实时采集。

（2）远程设置功能，通过软件远程设定测控终端机的各种参数。

（3）符合水利部《水文监测数据通信规约》和《水资源监测数据传输规约》（SZY206-2012）的规定，保证数据的安全可靠传输。

（4）采用GPRS/短信双信道互相备用，保证硬件数据通讯正常，数据可同时向三个中心发送。

（5）采用低功耗设计，采集状态＜30mA，传输状态＜150mA。

（6）具有电机性能监测功能，配合各种相关电量传感器，可测量各个点水泵电机的电流、电压等，供管理部门能及时了解电机运行状况。

（7）集数据采集、数据存储与管理、人机交互与无线通讯为一体，操作简单、设置方便、运行稳定、可靠性高。

（8）在耐温变性、抗震性、电磁兼容性和接口多样性方面均采用特殊设计，有效保证了恶劣环境下的工作稳定性，为数据采集提供了高质量的保证。

单位名称：石家庄恒源科技有限公司
单位地址：河北省石家庄市新石北路399号
联 系 人：邢安琳　　邮政编码：050091
联系电话：0311-83830768　　传　　真：0311-83864858
网　　址：http://www.hy9909.cn　　E-mail：hykj888@263.net

南京江瀚信息工程有限公司

公司简介

南京江瀚信息工程有限公司创立于 2003 年，总部建在六朝古都南京。公司是按现代化企业制度创立和管理的，集科研开发、生产制造、自动化工程建设为一体的高科技信息产业企业。公司技术力量雄厚，拥有包括研究员、教授在内的中、高级专业技术人员组成的产品开发研究部，建立有高技术人才的研究生工作站，具有很强的技术创新、产品设计能力；同时，公司与河海大学水文水利自动化研究所建立了长期合作关系。

研究所致力于无线电、传感器、电子技术、自动化系统、计算机网络、多媒体技术等方面软、硬件产品研究，结合水利行业信息系统需求，集成开发水文自动测报系统、闸门自动控制系统、灌区水资源调度监控系统、大坝安全监测系统和三防决策支持系统。所研制的水文自动测报系统设备处于国内领先地位并拥有自主研发的多项专利。

公司完善的产品质量保证体系，严格的生产组织管理，贯穿整个生产制造过程，从而有效地保障了产品的高可靠性质量要求；做到售前需求分析、售中技术指导、售后优质服务，严格的用户技术服务保障体系，消除了用户的后顾之忧。 顾客第一、诚信经营、持续创新、贡献社会是我们公司的永恒宗旨。

优秀产品推荐

一、YDZ-P100 型简易报警雨量计

1. 产品性能

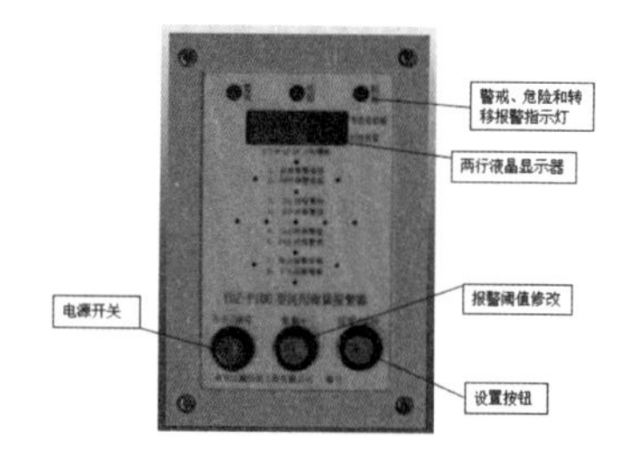

简易报警雨量计

（1）供电方式。直流供电，电压要求 6V 或 6V 以下。

（2）野外适用性：安装简便、牢固，应有防尘、防虫、防堵措施。

（3）工作环境。传感器：温度 0 ～ 55℃；湿度 100%RH；报警器：温度 0 ～ 55℃；湿度 90%RH，40℃，凝露。

（4）低温储存。能在－ 40℃环境下储存 4h 以上。

（5）可靠性。在正常工作条件下，其 MTBF 大于 25000h。

（6）信号传输。有线传输距离不小于 100m；无线传输距离不小于 50m，并具有抗干扰措施。

（7）显示与记录。具有显示、记录与存储功能。

（8）报警值偏差。在设定的报警阈值下，仪器能正常报警，偏差≤ ±2.5mm。

（9）分级报警。报警器具有现场分级设定报警阈值功能。

（10）报警方式。具有分级的声、光报警方式。

（11）雨量报警器采用声音报警、屏显报警，信息显示方式为液晶屏显示，可同时显示实时本场次降雨量信息、告警信息、告警指标信息；可屏显查询雨量告警历史记录的发生时间、告警降雨时段、告警雨量值、告警级别信息；可设置 1、3、6、12、24h 的警戒雨量、准备转移和立即转移共 15 个报警指标组；使用电池或电源适配器，具有电池低电压监测功能，两节 5 号碱性干电池可用一年以上。

2. 技术参数

（1）承雨口：内径尺寸为 ϕ200mm，进入承雨口的降雨不应溅出承雨口外。

（2）分辨力：传感器分辨力为 0.5mm；报警分辨力 0.5mm。

（3）雨强范围：0 ～ 4mm/min，允许通过最大雨强 8mm/min。

（4）测量精度：总体误差不超过 ±4%。

二、JSP-01 型超声波雨量计

1. 产品简介

JSP-01 型超声波雨量计克服了降雨强度对测量精度的影响，将降雨量汇集到量筒，使用超声测距原理测量量筒内水位的变化过程来计量降雨量。具有数据稳定，精度高的优点，分辨率为 0.1mm，精度达 ±2%，是水文、气象、环境等领域实现高精度雨量测量理想设备。该产品由集雨器、翻斗、雨量筒、超声波测量系统和自动排水系统组成。采用不锈钢外壳，具有强度高、耐腐蚀等特点。

超声波雨量计

2. 产品性能

（1）高精度。采用超声波非接触测量方法，在 0.01 ～ 10mm/min 的雨强范围内，测量分辨力为 0.1mm，雨量测量精度保证在 ±2% 之内，适合任何地区使用。

（2）低功耗。翻斗翻转事件触发驱动测量，测量完毕进入休眠状态，功耗特低。

（3）智能化。一次排水量 10mm，当降雨量达到 10mm 时自动开启排水阀门排水，排水过程中的降雨量截留在船型漏斗中，不会流失，因此，保证了测量精度，适合科研、生产各领域使用。

（4）防堵塞。承雨器安装过滤网，具有防堵、防虫、防尘功能。

（5）抗雷击。外接接口（信号和电源）具有防雷抗干扰保护。

3. 技术参数

（1）不锈钢器口：承雨口内径 φ200+0.60mm，外刃口角度 40° ～ 45° 。

（2）测量分辨力：0.1mm。

（3）输出分辨力：0.1 ～ 0.5mm 可设置。

（4）降雨强度测量范围：0.01 ～ 10mm/min。

（5）仪器综合计量误差：≤ ±2%（在 0.01 ～ 10mm/min 雨强范围）。

（6）信号输出：继电器—接点通断信号和 RS485 总线通信，MODBUS 协议。

（7）仪器功耗：DC12V，< 1mA（休眠时）、30mA（测量时）、80mA（排水时）。

（8）量筒容量：314mL（相当 10mm 降雨量），排水时间 10s。

（9）开关接点容量：DC V ≤ 15V，I ≤ 300mA。

（10）接点工作次数：1×107 次。

（11）工作环境温度：－ 10 ～ 75℃；湿度：≤ 98%RH（40℃）。

（12）平均无故障工作时间：MTBF ≥ 40000h。

（13）仪器体积：210mm×810mm。

三、YDZ-YL912 型超声波水位计

1. 产品简介

YDZ-YL912 超声波遥测水位计采用数字化信号处理技术，使其精度提高至 0.15%，死区变小，声束角变窄，同时开发的数字抗干扰技术，使产品在使用过程中穿透蒸汽及过滤障碍物的能力都有所提高，并在信号丢失的情况下，能显示故障报警。

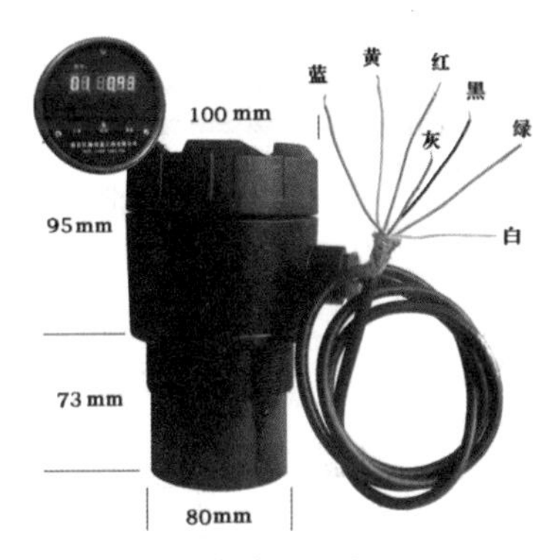

超声波水位计

2. 产品性能

（1）脉冲功率驱动电路，可发射等幅超声波，转换效率高。

（2）采用 TGC 电路自调整增益，保证量程范围内精度恒定。

（3）数字式层面反射波记忆，造就高精度和高重复性。

（4）采用数字化信号处理技术，使其精度提高至 0.15%。

（5）具有液位、距离互换功能，电流输出零点、满度校正功能。

（6）自适应具有波浪、比降性质水面，取采样时间内的平均值输出滤波水位。

（7）有掉电保护功能，突然掉电后参数信息不会丢失。

（8）测量周期在 1 ～ 60min 可根据实际情况的需要来进行设定，主动输出信息，具备 RTU 功能，可直接连接通信电台或 GPRS DTU 模块。

（9）内置全量程内自动温度补偿，在空气中整个量程范围内无精度下降。

（10）LED 液位、485 网络地址、温度、通信波特率显示，当前测量状态指示。

（11）设置上下限报警值，场效应管开漏输出，外接蜂鸣器，进行上下限报警。

3. 技术参数

（1）测量范围：0.5 ～ 8m、15m、25m 三种量程。

（2）精度：空气中满量程 ±0.15%，或≤ ±2 ～ 3cm。

（3）分辨力：1mm 或 1cm 可设置。

（4）频率：20 ～ 75kHz。

（5）声束角：5°。

（6）电源电压：10 ～ 16VDC。

（7）功耗：测量模式小于 50mA(LED 不亮时)，小于 60mA(LED 亮时)，值守模式电流小于 1mA，全速运行同上。

（8）信号输出：标配 RS485 信号或 RS232，4 ～ 20mA/20 ～ 4mA（可选）。

（9）失效诊断：无信号，输出 65535(485 输出）或 0mA(4 ～ 20mA 输出)。

（10）温度范围：－40 ～ 80℃（扩展的工业品温度范围），95%RH。

（11）平均平均无故障时间：≥ 10000h。

（12）防水级别：IP65。

四、YDZ-R30 型雷达波水位计

1. 产品简介

YDZ-R30 雷达波水位计采用了新型的超低功耗的微控制器，进行数字化信号处理技术，同时开发的数字抗干扰技术，使产品具有广泛的适应性。

2. 产品性能

（1）不受温度、压力、风力等外界环境影响。

（2）波束小，能量集中，抗干扰能力强，精确度高。

（3）系统设计采用工业级标准芯片，稳定性高，工作温度范围宽。

（4）128×64 点阵图形液晶，显示工作状态和测量结果。

（5）RS485 通讯接口，可实现数据的远距离传输。

（6）功耗低、精度高、稳定性好。

（7）具有液位、距离互换功能，电流输出零点、满度校正功能。

（8）自适应具有波浪、比降性质水面，取采样时间内的平均值输出滤波水位。

（9）有掉电保护功能，突然掉电后参数信息不会丢失。

雷达波水位计

（10）测量周期在1～60min可根据实际情况的需要来进行设定，主动输出信息，具备RTU功能，可直接连接通信电台或GPRS DTU模块。

（11）设置上下限报警值，场效应管开漏输出，外接蜂鸣器，进行上下限报警。

3. 技术参数

（1）测量范围：0.3～30m。

（2）精度：±1cm。

（3）分辨力：1mm或1cm可设置。

（4）探头频率：26GHz。

（5）声束角：5°。

（6）电源电压：6～18VDC宽压。

（7）功耗：测量模式小于90mA；值守模式小于1mA。

（8）信号输出：标配RS485信号或RS232，4～20mA/20～4mA（可选）。

（9）失效诊断：无信号，输出65535(485输出）或0mA(4～20mA输出）。

（10）温度范围：－40～80℃（扩展的工业品温度范围），95%RH。

（11）平均平均无故障时间：≥10000h。

（12）防水级别：IP65。

五、TTT-1型自动蒸发站

1. 产品简介

TTT-1型自动遥测蒸发站是一种水面蒸发量全自动测量装置。它在E601B型玻璃钢蒸发器基础上，增设了雨量测量、贮水箱、自动补水控制和自动溢流计量，实现了自动补水、自动溢流、自动发讯控制，蒸发信号通过有线或无线远距离传输，达到了自动化遥测目的。

自动蒸发站

TTT-1型自动遥测蒸发站，将采集的时段蒸发量以标准485接口传输给监测终端，用于水文自动测报系统和自动气象站，实现蒸发量长期自动监测和远程传输，同时在存储器中保存1年的日蒸发量，供用户查看，日蒸发量计算可选择水文模式（8：00～8：00）或气象模式（20：00～20：00）。

2. 技术参数

（1）蒸发桶：器口直径：618±2mm；深：600mm。

（2）蒸发量量测范围：0～300mm。

（3）分辨力：0.1mm（降雨量测量、补水测量和溢流测量均为0.1mm）。

（4）测量精度：日蒸发测量误差：<±3%。

（5）值守功耗：DC12V，1mA。

（6）供电：蓄电池容量：38AH，太阳能板功率：10W。

（7）输出接口1：开关量，每0.1mm蒸发量通断一次。

（8）输出接口2：标准485接口，modbus协议，输出累计蒸发量。

（9）输出接口3：标准232接口，向电台或DTU通信设备输出。

（10）控制器界面：液晶显示128×64点阵图形界面，5键设置参数。

（11）环境条件：温度：0～70℃，相对湿度：95%RH。

六、ZMJH-01 型遥测终端机

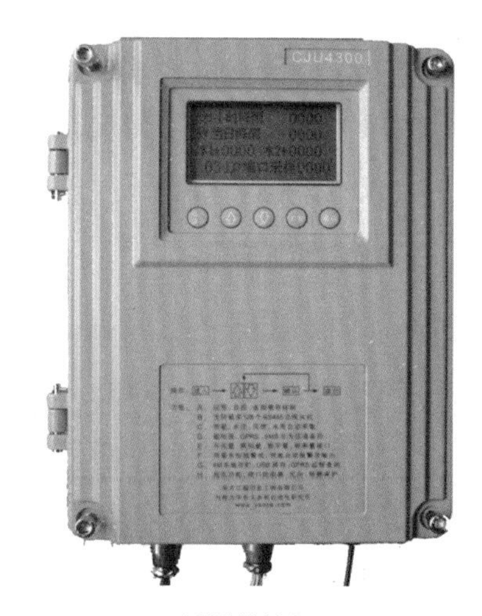

遥测终端机

（1）数据采集。可连接各种通信方式的传感器，如：脉冲、4-20MA、0-5V、RS485、RS232 等；数据采集间隔时间和通道可设置，具有定时上报、增量上报、跳变上报、超限上报等多种上报方式；具有远程设置以及历史数据读取功能；具有数据发送失败自动补发功能。

（2）通信设备。支持 GPRS/CDMA/GSM、RS232/485、卫星、超短波、以太网、射频 ZIGBEE、USB 等通信方式；支持同时采用多种通信方式；采用卫星、超短波、以太网、GPRS/CDMA/GSM 等通信时支持支持通讯终端向 4 个短信中心，4 个 IP 地址发送数据，主备信道自动切换。

（3）状态信息。可对设备的电压、温度、GPRS/CDMA 的信号强度等信息定时上报，间隔时间可设置；当电压过低时向中心站发送告警信息，并改变工作方式（由正常工作模式改为低功耗工作模式，保护蓄电池）。

（4）显示功能。通过 LCD 液晶显示模块可对 RTU 进行现场设置和数据查询。

（5）参数设置。可通过远程 GPRS 设置、计算机串口、GSM 手机短信对 RTU 的所有参数进行设置和查看（如站号、雨量加报门限值、水位加报门限值、水位基础、测量时间间隔、状态数据上报时间间隔、测量参数、通信方式等）；键盘和液晶显示器，设置界面据采用汉字显示，操作简单、直观通用，现地修改参数和发送人工置数信息。

（6）人工置数。可通过设置显示模块进行人工数据输入和发送。

（7）数据报送方式。包括数据信息、状态信息、报警信息；采用自报式、查询－应答式兼容的混合式工作体制；具有远程 / 现场对前期数据读取功能，可以远程设置各种参数、读取状态信息；可以远程复位微控制器，具有现场 / 远程召测功能；同时具有数据自动补发功能。

（8）工作模式。支持正常、休眠、掉电三种工作模式；在正常工作模式下，微处理器正常工作，通信模块正常工作（主要指 GPRS/CDMA）；在休眠模式下，微处理器正常工作，通信模块处于休眠状态，在需要发送数据的时候唤醒，需要远程设置时，需先通过拨打电话唤醒模块在进行设置；掉电模式下，微处理器和通信模块均处于休眠模式，只有在定时采集时间点进行数据采集和发报时，才处于工作模式。

（9）存储方式。按采集间隔时间（通常雨量 5 分钟，水位 6 分钟）存储在 16M 的 FLASH 存储器上，U 盘通常用来进行多站现场取数后再导入到计算机中；测站数据也可通过中心站软件向遥测站发送命令远程提取，读取的最小时间间隔为 1 天。

（10）实时时钟。具有万年历时钟功能，能够现场 / 远程设置时间。

（11）具备死机自动复位功能。具有定时自检功能、存储转发功能。

（12）支持休眠唤醒工作方式，具有电源管理功能，蓄电池电压高于 12V 时，正常工作；蓄电池电压在 11 ～ 12V 之间时，只发送报平安信息；蓄电池电压低于 11V 时，停止发送信息，达到保护蓄电池的功能。

（13）在外接电源中断时，已记录的数据不得丢失，具有电源反向保护能力。

（14）能够通过软件远程设置遥测站参数，主要参数有：《水资源监测数据传输规约 .SZY206-2012》中约定的所有查询自报命令。

七、ZMJH-01B型一体化遥测雨量站

1. 产品简介

本雨量站是一种水文、气象观测仪器，用以感知自然界降雨量，同时将其测量的降雨量通过GPRS/CDMA公网信道发送到中心平台，形成集信息采集、固态存贮、无线传输一体化、小型化的需要。

一体化遥测雨量站

2. 雨量计

（1）承雨口内径：ϕ200+0.6，外刃口角度40°～45°。

（2）仪器测量分辨力：0.1mm、0.2mm、0.5mm可选。

（3）降雨强度测量范围：0.01～10mm/min。

（4）仪器综合计量误差：≤±2%（在0.01～10mm/min雨强变化范围）。

3. 遥测终端机

（1）16MBytes存储器，掉电保存5年以上的雨量和水位。

（2）信道编码采用CRC码校验，误码率：Pe≤10^{-5}。

（3）供电：DC 6～18V，标配10W太阳能板+20AH蓄电池。

（4）功耗：作为自报式遥测终端静态值守电流小于0.1mA，工作电流小于50mA。

（5）通信接口：2个RS232，1个RS485，1个TTL电平接口。

（6）传感器接口：雨量接口和485总线上可挂接16个智能水位传感器。

（7）工作环境温度：－30～70℃，储存温度：－40～80℃。

（8）可靠性指标：MTBF≥25000h。

（9）全屏蔽、无拉线，抗雷击，如因雷击损坏，终身包换。

4. 通信组件

（1）支持4个GPRS中心和4个短信中心。

（2）内嵌TCP/IP 协议栈，支持DTU与DSC透明数据传输。

（3）支持移动运营商的APN专网，支持GPRS07.05、GPRS07.07AT指令。

（4）DSC寻址方式支持固定IP、域名解析和私有APN方式。

（5）灵敏度及发射功率：RX：小于－100dBm，TX：大于30dBVm。

（6）支持心跳功能，心跳字符串自设定。

（7）具有自动登录网络、断线自动重连的功能，用户免于维护数据链路。

（8）工业级双重看门狗设计，长期运行不会死机，满足恶劣应用环境需求。

（9）供电电压+5～+35V DC，空闲期电流<12mA；数传平均电流150mA@12VDC。

（10）工作环境温度－30～70℃，相对湿度95%RH（无凝结）。

单位名称：南京江瀚信息工程有限公司
单位地址：南京定淮门大街11号商会大厦A-901
联 系 人：舒大兴　　邮政编码：210036
联系电话：025-86204789　　传　　真：025-86220204
网　　址：http://www.yaoce.com.cn　　E-mail：Njsdx9208@126.com

开封市汴京水表厂

公司简介

开封市汴京水表厂位于七朝古都开封经济技术开发区东邻魏都路黄河路交叉口。

产品执行GB/T778—2007国家新标准。有LXS-旋翼式冷水表；LXSR-旋翼式热水表；LXSL-立式水表；LXSY-液封式水表；LXSG-干式水表；LXSD-滴水计数水表；LXL插入式和水平螺翼式水表；IC卡智能冷、热水表。年产量60万台左右。

产品于1979年注册，商标是《开封牌》。产品连续多年经国家水表质量监督抽查合格率均为100%。

企业通过了“质量管理体系认证”和“河南省计量合格确认”。相继多次被河南省质量技术监督局评选为“河南省计量工作先进单位”。

优秀产品推荐

开封牌水表

1. 产品特点

（1）旋翼式冷水表：结构简单、对水质要求、低性能可靠。

（2）干式冷、热水表：磁钢技术、读数清晰、不受水质温差影响。

（3）滴水计数水表：灵敏度高、倒装无水。

（4）水平螺翼式水表：流通能力大、压力损失小、重量轻。

（5）插入式水表：体积小、重量轻、抗水中杂质强、价格低。

2. 技术参数

（1）流量误差：从常用流量至分界流量（包括分界流量）的高区为±2%，热水表为±3%；从分界流量（不包括分界流量）至最小流量的低区为±5%，见表1。

（2）使用温度：冷水表≤30℃；热水表≤90℃。

（3）工作压力：≤1MPa。

表1　　技术参数

口径（mm）	常用流量（m^3/h）	最小流量（m^3/h）	分界流量（m^3/h）	始动流量（L/h）	表体长度（mm）
15	1.5	0.06	0.15	14	165
20	2.5	0.1	0.25	19	195
25	3.5	0.14	0.35	23	225
32	6.0	0.48	0.12	25	230
40	10	0.4	1.0	56	245
50	15	1.2	4.5	—	280
65	25	5.0	0.75	—	252
80	40	3.2	12	—	225
100	60	4.8	18	—	250
150	150	12	45	—	300

3. 计量原理

自来水通过水表后经水表的进水口直接进入水表机芯的叶轮盒，带动叶轮转动，叶轮的转动带动齿轮的转动，从而达到计数的目的。水是通过叶轮盒的上部经表壳的出水口流出。

水表由表盖、机芯、密封垫圈、表罩、表壳、表玻璃构成。

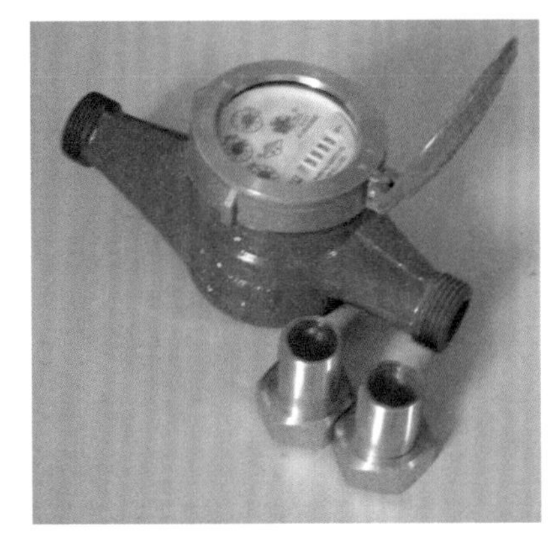

旋翼式小口径水表

旋翼式大口径水表

水平螺翼式水表

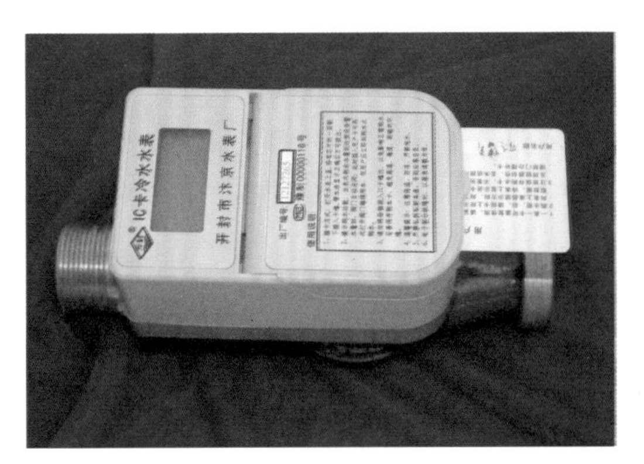

IC 卡智能水表

可拆式水表

单位名称：开封市汴京水表厂
单位地址：河南省开封市魏都路与黄河路交叉口
联 系 人：赵飞
邮政编码：475004
联系电话：0378-3668316
传　　真：0378-3668260
网　　址：http://www.kfbiabjing.com
E-mail：kfbjsb@126.com

南通中天精密仪器有限公司

公司简介

企业外景图

南通中天精密仪器有限公司主营研发设计、生产、销售在农业、水利、环境和生态等领域应用的检测传感器、数据采集系统、成套监测系统设备和相应的传输控制软件，同时根据客户需求，提供定制解决方案和相关的硬件软件配套。公司已率先通过 ISO9001 质量体系：2008 版认证，且产品获得了国家质检总局颁发的《全国工业产品生产许可证》。公司十年来一直致力于农业、水利、道路、环境检测仪器的研发，并与南京水利科学研究院、江苏省农业科学院有着广泛的合作。十年来公司研发生产了百余款专业仪器，广泛应用科研，农业、水利、气象、道路等领域，产品远销东南亚、欧美等国家和地区，产品以其卓越的性能、过硬的质量深受广大客户的青睐。

优秀产品推荐

一、MP-406 Ⅱ GPS 土壤水分测定仪

1. 产品简介

MP-406 Ⅱ GPS 土壤水分测定仪是 MP-406 水分测定仪升级版，增加了 GPS 功能，可搜索并存储测试位置的经纬度、时间、日期等信息。

MP-406 Ⅱ GPS 土壤水分测定仪由 MP-406B 水分传感器、配套采样接杆、MP-406 Ⅱ GPS 手持仪表、配套充电器、USB 接口电缆、产品使用说明书六件组成。MP-406 Ⅱ GPS 水分测定仪采用铝合金仪器箱存放，坚固耐久，携带方便，适合野外长时间作业。配套的金属采样接杆使测量人员能在行走站立状态下调查大范围土壤墒情，也可以将水分传感器插入离地表层 80cm 深的取样位置。

MP-406 Ⅱ GPS 手持仪表是专为 MP-406B 水分传感器配套设计的测量仪表。在微处理芯片的控制下，MP-406 Ⅱ GPS 手持仪表完成测量、计算、显示、存储和数据传输等功能。

2. 技术参数

MP-406B 水分传感器技术参数如下：

（1）量程。水分精确测量量程 0.05 ～ 0.50m^3，水分全量程 0 ～ 1.0m^3。

（2）精度。0 ～ 饱和水分范围内直接测量 ±2%（体积 %）。被测土壤进行校正 ±1%（体积 %）。

（3）盐碱度导致的误差。±3.5% vol（在 0 ～饱和水分范围内），在校正后可以应用于电导不大于 2000mS m^{-1} 的盐碱土壤。

（4）工作电压。12V DC。

（5）电耗。30mA（特征值）建议读数前至少 10 秒预加电。

（6）输出信号。1.2V DC。

（7）传感器感应。60mm（长）×30mm（直径）。

（8）工作环境。－ 30 ～ 60℃。

（9）密封材料。ABS 塑料，耐腐蚀、稳固，防水防冻。

（10）探针材料。不锈钢。

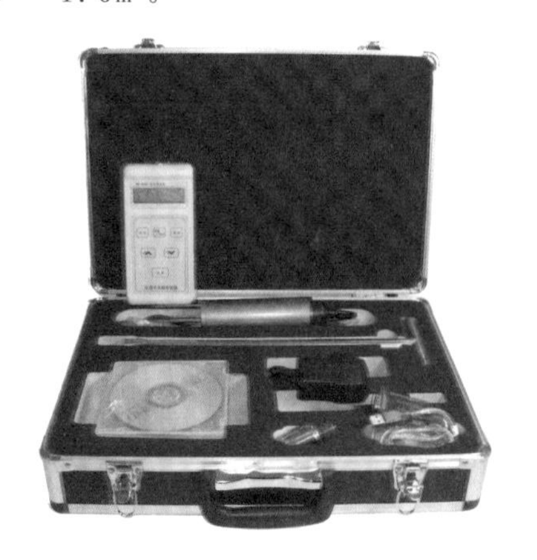

土壤水分测定仪

（11）具有防雷电干扰功能。

MP-406 Ⅱ GPS手持仪表技术参数如下：

（1）操作界面。中文显示，人机界面友好。

（2）电池。电压12V，额定容量5Ah。

（3）接口。支持RS 232标准接口。

（4）存储容量。30000组。

（5）无线通讯。支持GPRS或3G、WIFI。

二、固定式土壤墒情监测站

1.产品简介

固定式土壤墒情监测站可以在十至数百平方米范围内实时测定记录多至几十点的土壤表层和不同深度的土壤含水量。具有操作简单、性能稳定、可靠性高、免维护、配置随意、测量精度高、数据存储容量大等特点，可通过无线传输方式，遥测遥读。

2.产品主要配置

（1）MP-406B电压型FDR土壤水分传感器（标配5m长接线电缆）。

（2）1套MP-406logger数据采集器。

（3）1只无线传输模块。

（4）1套太阳能电池、胶体电池、12V直流标配太阳能供电系统。

（5）1套3M标配固定仪器支架。

（6）1只户外仪器安装箱。

（7）1套避雷组件。

（8）1块无线传输模块。

（9）1根RS 232数据下载电缆（标配1.5m线长）。

（10）1套数据下载软件。

（11）可以扩展空气温湿度传感器，降雨量传感器。

土壤墒情监测站

3.技术参数

MP-406logger数据采集器如下：

（1）采集通道数。8通道/16通道。

（2）工作电压。12V DC。

（3）电耗。25mA。

（4）接口。RS232-RS485。

（5）分辨率。16位A/D。

（6）精度。0.01% FSR。

（7）存储容量。150000组。

单位名称：南通中天精密仪器有限公司
单位地址：江苏省南通市海安县长江西路88-89号
联 系 人：刘进　　邮政编码：226600
联系电话：0513-88826201　　传　　真：0513-88826202
网　　址：http://www.zhoneti.com　　E-mail：sales@zhoneti.com

广州市协逢防汛器材有限公司

公司简介

广州市协逢防汛器材有限公司地址位于广东省广州市花都区平步大道208号，毗邻广州白云机场，是一家集防汛抗旱器材研发、生产、销售于一体的企业。

抗洪抢险是国计民生的重大工程，关系到千家万户生命财产安全。为最大限度地降低灾害带来的各种损失，我公司一直致力于研发更加创新、实用、快捷的防汛产品。突破传统采用“以水堵水”的全新概念，使灾害得到最快控制。公司研发的一系列新型实用防汛产品（移动折叠式储水堵水墙、折叠式储水钢筋笼、组合式围井、组合式工具等）均已获得国家专利。代替了传统沙包、桩木、石方，减少了大量时间、人力与物力，得到了用户的一致好评。

公司现有产品：防汛服装、救生设备、防汛抢险车、抢险冲锋舟、橡皮艇、快速抢险工具，防汛快速堵水设备、防汛人员安全装备、防寒物资、帐篷、防汛通讯设备、防汛照明设备以及大小防汛工具。

优秀产品推荐

防汛抢险应急装备车

一、防汛抢险应急装备车

1. 产品简介

本车采用柜式结构，将各式防汛抢险物资有机结合。本车共设计有15个物品柜，每个柜均根据防汛抢险常规工具规格设计，可装备一个机动专业队伍所需抢险救援应急物资。柜项设有照明装置，方便夜间作业。平时将救援物资装入物品柜，保证险情发生时第一时间运到现场。其双排六座式设计，可在运送物资的同时，运送先头抢险救援队员。

2. 技术参数

见表1 、表2、表3

表1 救援车左边物资

编号	名称	单位	数量
1	15kW进口发电机组	套	1
2	移动折叠式储水堵水墙（长6m、宽40cm 、高50cm）	条	4
3	打桩机	台	3
4	指挥室、医疗室配件	套	2
5	锰钢防汛组合8件套	套	10
6	救生绳（30m）、救生绳（100m）	条	各5
7	救生衣	件	10
8	橡皮冲锋舟	艘	1
9	折叠式360℃强光射灯	套	1
10	折叠指挥帐篷、折叠医疗帐篷、折叠救援帐篷	套	1
其他	对讲机5台、电筒10支、望远镜2台、扩音器3个		

表2 救援车右边物资

编号	名称	单位	数量
1	4″本田自吸泵	台	1
2	移动折叠式储水堵水墙（长600cm 宽40cm 高70cm）	条	4
3	防汛卧式管涌虑垫	个	6
4	一字铲、锄头	把	各10
5	救生圈	个	10
6	防汛组合工具包20件套	套	5
7	编织袋	个	1000
8	变频器	套	1

表3 车 辆 配 置

品牌	协逢
整车型号	BJ1027V2MW5-S
底盘型号	BJ1027V2MW5-S
轴距（mm）	3025
动力型号	BJ491EQ3
排量（ML）	2237
功率（kW）	76
总质量（kg）	2280
载质量（kg）	475
整备质量（kg）	1480
整车尺寸（长×宽×高）	5160mm/5178mm×1750mm×1695mm/1745mm
乘员	6座空调
最高时速（km/h）	125

二、防汛抢险应急救援车

1. 产品简介

防汛抢险应急救援车是我公司最新研发的一款新型综合防汛抢险专用车。该车将发电站、泵站与抢险应急照明融合一体，真正做到一车多用。

该车设备结构合理、车体较小、排量大，只需两至三人操作即可，是非常理想的防汛抢险设备。

防汛抢险应急救援车

2. 技术参数

（1）抽水设备。

每小时达800～2000m³。该水泵采用大流量新型无堵塞自吸泵，吸水8～20m，水泵扬程32m，吸程7～15m，输水距离达2000m以上。不论是污油还是泥浆，清水还是污水都能达到您理想的效果。

（2）发电机组。

该抢险车发电机组较大，在保证水泵供电外仍有50kW电力作为其他用途，可供打桩机、照明及其他电产品使用。

（3）发电机组。

选用3节伸缩气缸作为升降调节方式，最大升起高度为4.5m；上下转动灯头可调节光束照射的角度，灯光覆盖半径达到35～55m。通过无线遥控可在50m范围内分别控制每盏灯的开启和关闭，使用电动或手动气泵可快速控制伸缩气杆的升降。

三、移动折叠式储水堵水墙

移动折叠式储水堵水墙适用于城市内涝及江、河、湖泊，鱼塘，水漫堤坝等满提抢险型作业。其工作原理为："以水堵水"。具有抢险速度快、施工方便快捷、可连接使用、节省人力等优点。只需2～3人在2～3min内便可快速修建一道6m长的坚固堵水墙，代替了以往传统沙包石方等繁重的人力物力。具有快速、可靠、可重复使用、绿色环保等特点。

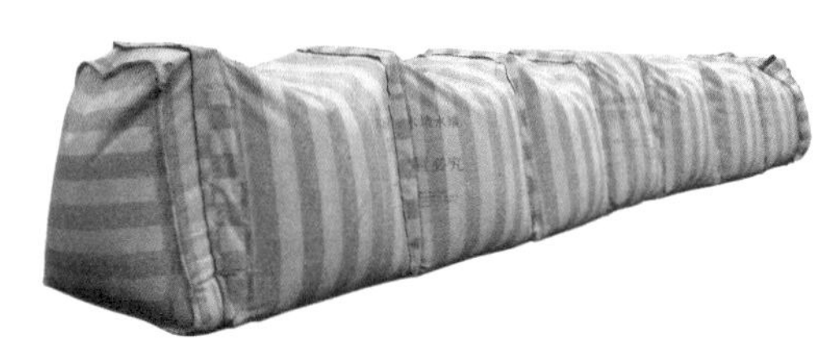

移动折叠式储水堵水墙

四、折叠储水式钢筋笼

折叠储水式钢筋笼采用独特的三角形及方形设计，采用12cm的钢筋制作而成。具有方便快捷、简便实用、灵活性强、坚固耐用等特点。该产品代替了传统繁重的石头钢筋笼，节省了人力和时间及降低大量成本，真正达到了以水堵水的效应。汛期过后可回收下次使用。

折叠储水式钢筋笼

五、缺口堵水墙

缺口堵水墙

缺口堵水一直是防汛抢险中的一大难题，因为其伤害性大及水流速太猛。如不及时堵上，随时都在扩张。

为使缺口尽快合拢，我公司研发了缺口堵水墙。该产品规格为长3.6m、高1.5m，底宽1.2m，面宽50cm。呈梯形，灌满水后重量可达5t。

六、城市家庭专用堵水墙

随着城市不断扩大发展，城市内涝也随之日益严峻。排水系统年久失修、排量不足使得短时间的暴雨积水无法及时排掉，从而造成城市内涝频繁增多，给城市住户及仓库、门面带来了不可估算的损失及危害人身安全。为更好地保护您的家园及财产不受损失，请尽快使用该产品，以备水浸之灾。

该产品使用简单、快速实用、伸缩自如。当暴雨水位快达到危险时，立即将堵水墙拉开灌水堵住缺口即可，省时省力且效果比沙包石方更为显著。用完后收回晾干放于门角处即可。家有此宝，水浸无忧！

城市家庭专用堵水墙

七、围堤堵漏布

该装置分为两部分，堵水布和收放器，经过我们反复试验和客户使用反馈显示，均达到围堤堵漏的理想效果。堵水布经科学防水处理，具有经久耐用、轻便、使用灵活。

该产品广泛运用于江河水库堤坝、涵洞等管涌、急流转弯处、山体滑坡等。当出现上述险情时，将该装置放置于险情正上方，用收放器放出堵水装置下端，让铁锤沿险情的坡面沉下，达到快速堵漏加固的目的。险情结束后，通过摇动收放器的摇手柄，快速回收堵水装置。

围堤堵漏布

八、组合式围井

本围井主要由单元围网、固定桩、排水系统和止水系统4部分组成。

组合式围井

与传统的围井构筑方式相比，组合式围井除了具有安装简捷、省工省力、能大大提高抢险速度、节省抢险时间、并降低抢险强度等特点外，组合式围井不需要借助复合土工膜进行防漏水，更轻便、实用、可便捷回收。

围井大小可根据管涌险情的实际情况和抢险要求组装，一般为管涌孔口直径的 8～10 倍，围井内水深由排水系统调节。单元围网是4×40国标角铁，中间辅以钢丝网，四周焊接而成；规格为1.0m×1.2m，以四块为一组，每组有一个排水口，可多组连接使用。

固定桩的主要作用是连接和固定单元围网，为ϕ21mm的镀锌钢管，每条1.5m（有30cm为桩柱）。抢险施工时，将钢管插入单元围板上的连接孔，并用重锤将其钉入地下，以固定围井。

排水系统主要是防水布上的排水口。主要作用为调节围井内的水位。如围井内水位过高，则打开排水口排除围井内多余的水，如需抬高围井内的水位，则关闭排水口，使围井内水位达到适当高度，然后保持稳定。多余的水不宜排放在组合式围井周围，应通过连接软管排放至适当位置。

九、一拖三打桩机

1.产品简介

该机由振动式电动机改型设计而成，振动式电动机经过改良使振动力提升，夹桩器上加装反作用力激振弹簧，在振动式电动机的作用下，通过激振弹簧的耦合，带动夹桩器作上下冲击运动，产生巨大的锤击效果。

该产品结构新颖、体积小、重量轻、操作简单、安全、高效、机动性强等特点，此外，本机最大的特点是1台发电机组可同时配用2～3台打桩机（即1拖3模式），真正达到一机多用，快速有效的目的。较人力打桩及单一打桩机打桩作业劳动强度低，作业效率更高。

2.技术参数

（1）动力装置。

①功率：7.5kW；

②电压：3相380V；

③重量：88kg；

④配用电缆：25～50m（可根据用户需求加长）。

（2）震动主机。

①功率：2.2kW；

②电压：3相380V；

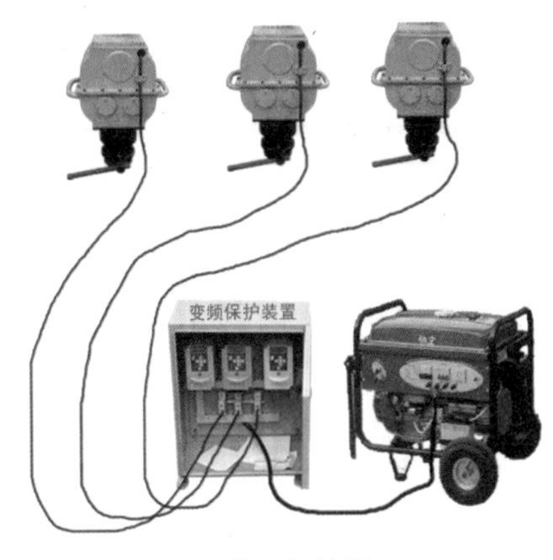

一拖三打桩机

③重量：25 kg；

（3）变频装置。

①功率：3.7kW；

②桩径：60 ～ 110 mm；

③桩长度：1 ～ 3m；

④沉桩速度：1 ～ 3min/1 ～ 3m。

十、防汛卧式滤垫

1.产品简介

防汛卧式滤垫是一种护堤和大坝管涌险情的专用器材，一旦发生管涌险情。立即将此滤垫放在管涌之上，即可达到保土排水的效果。

在汛期，堤防在高水位的压力下，很容易将蚂蚁，白蚁窝、鼠洞穿透。管涌随之形成。即会发生管涌直冲，此时，地表土层即形成一个透水孔洞，透水砂层的土颗粒随渗透水流不断涌出洞口，很快将洞口加大，造成吸水加猛的危害。此时如将滤垫放于管涌之上，便可达到保土排水的作用。减轻管涌给大堤水库带来的安全危害。此产品比围井更快更好。

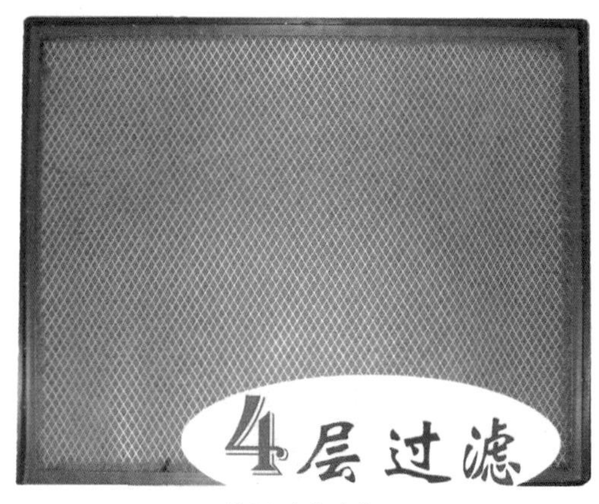

防汛卧式滤垫

防汛卧式滤垫是抢护堤坝管涌的主要措施，其作用为“保土排水”，即防止土颗粒流失，排除渗水，消减全部或大部水压力，以保护土体结构不发生变化，达到稳定险情的目的，它既可用于抢护单个管涌，又可抢护管涌群。防汛卧式滤垫由金属网和特制三维物组合而成，利用金属网消砂挟砂水流的部分流速水头，控制水势及保护土工织物的特性不发生变化。利用特制金属及三维织物作过滤，使土颗粒不随水流流失，使之稳定，保护不同透水砂层地面的管涌破坏。多个组合形式将管涌扑灭。

2.产品特点

防汛金属滤垫突破了以往的思维模式，摒弃了传统的砂石抢护材料和填筑工艺，是一种全新、快捷、廉价、环保型防汛抢险器材。具有高效快捷，排放灵活，适应性强，并便于储运，造价低廉，可重复使用和绿色环保等特点。

十一、城市沙井专用滤垫

当城市发生内涝时，二次伤害也会随之发生。因为当内涝街道时很多时候城市管理人员会第一时间将沙井盖打开进行排水。这样非常容易造成路人意外事故，当打开沙井盖时请使用沙井专用滤网进行排涝，效果更为明显。因为该滤网是采用粗三维过滤，5面排水快速、安全、决不会造成二次伤害，对城市排水起到保护作用，不让大量垃圾废品进入排水系统，造成排水管道的堵塞。当沙井滤垫使用时请将危险警示杆拉起，警示行人车辆。用完后收回待下次使用。

城市沙井专用滤垫

十二、防汛组合工具包（COCON-PU）

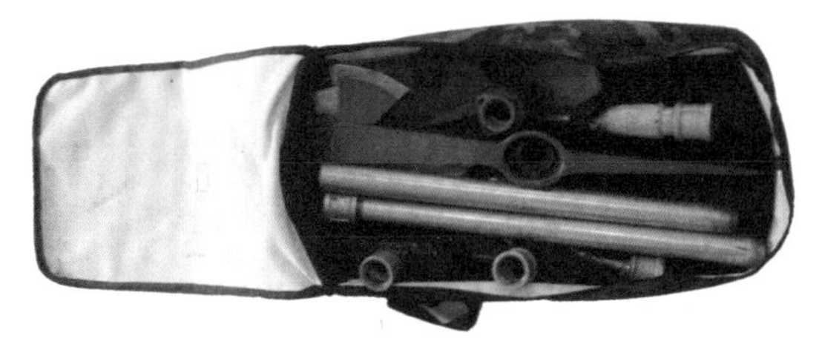

防汛组合工具包 1

（1）防汛组合工具包 1（7 件套）。

含镐、钯、锄头、十磅锤、砍刀、方铲、消防斧头等多工具组合。

十字镐、钉耙、锄头、砍刀、方铲、十磅锤可以共用一条活动柄，有效快速实用，一柄多用，适用于救援队员使用。

（2）防汛组合工具包 2（7 件套）。

含镐、钯、锄头、十磅锤、砍刀、方铲、电筒、警用分体雨衣、毛巾、水壶、头盔等多工具组合。

十字镐、钉耙、锄头、砍刀、方铲、十磅锤可以共用一条活动柄，有效快速实用，一柄多用。该组合轻便、工具配备齐全，适用于救援队员使用。

（3）防汛组合工具包 3（19 件套）。

含镐、钯、锄头、十磅锤、砍刀、方铲、电筒、水鞋、防汛战斗服、防寒雨衣、救生绳、双背带、救生衣、毛巾、水壶、头盔、消防斧头、信号灯等多样工具组合。

该组合轻便、工具配备齐全，适用于救援队员使用。

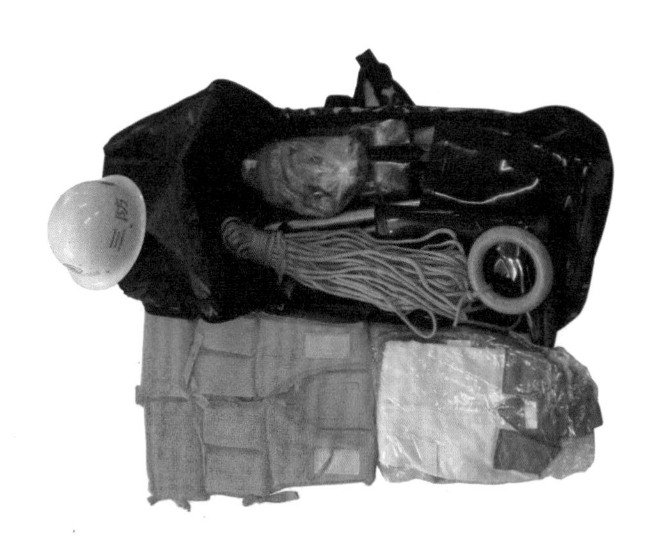

防汛组合工具包 2

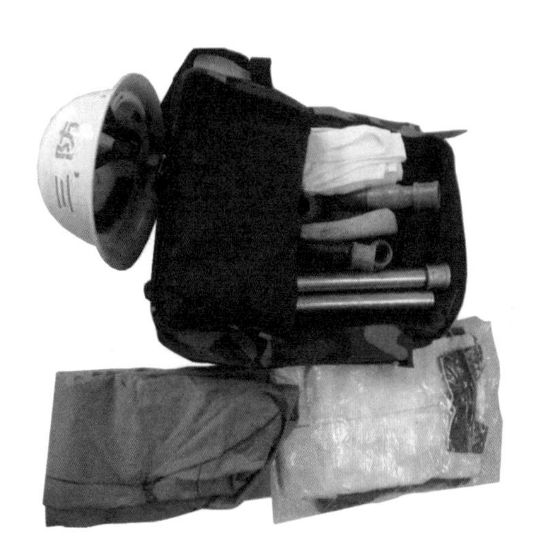

防汛组合工具包 3

单位名称：广州市协逢防汛器材有限公司
单位地址：广东省广州市花都区平步大道 208 号
联 系 人：吴培喜　　邮政编码：510800
联系电话：020-28606033　　传　　真：020-28606032
网　　址：http://www.gdfxqc.com　　E-mail：

北京国信华源科技有限公司

公司简介

北京国信华源科技有限公司是致力于防灾预警技术研究与开发的高新技术企业。公司集产品设计、研发、生产、销售、项目实施于一体，自主研发生产防灾无线预警设备。公司现有强大的专业技术团队，同时聘请了中国水科院、中国水利学会、长江水利委员会、黄河水利委员会、华北水利水电学院、中国农业大学、水利部信息中心等国内防汛减灾领域10多位专家学者组成专家队伍。公司设有研发、生产、项目、市场、行政、财务等部门及加工厂。

我公司在防洪减灾领域积累了丰富应用经验，对物联网技术、3G通讯技术、GSM开发、语音传输控制等技术有丰富的开发经验，自主开发GSM防汛预警语音系统、无线降雨告警器，从2006年推广用于国家山洪预警项目，并在2010年、2011年、2012年通过国家防汛抗旱总指挥部办公室组织的评测，产品先后在河南、贵州、重庆、云南、陕西、湖南、安徽、辽宁、四川、江西、甘肃、山东、山西、青海、宁夏等20多个省份广泛推广应用。

在国内新兴减灾预警领域，我们秉承 “专业、创新、敬业”的企业精神，倡导行业技术应用规范，力创行业品牌，使企业在国内的市场处于主导地位。我们以客户需求为发展原动力，以先进技术为依托，以创新产品为导向，努力服务用户！

优秀产品推荐

一、无线简易降雨告警器（WS-601型）

1.产品简介

WS-601型无线简易降雨告警器采用无线射频传输技术，利用磁钢激励干簧管产生脉冲中断收集雨量信号，通过MCU采集、处理雨量信息，基于UHF频段的最小移频键控技术将数据传送到室内报警器。实现全天候自动化采集，室内报警器实时更新接收到的雨量信息，当降雨量达到预设的告警阀值后，设备自动发出声光报警。

2.技术参数

（1）通信方式：无线传输。

（2）无线传输频率：433MHz。

（3）无线传输距离：150m（空旷环境下）。

（4）承雨口内径：$\phi 200^{+0.6}$mm。

（5）传感器计数方式：翻斗式。

（6）降雨分辨率：0.5mm。

（7）雨强测量范围：0～4mm/min（允许通过最大雨强8mm/min）。

（8）测量精度：误差±4%。

（9）材质：新型工程塑料。

（10）雨量数据更新间隔：5s。

（11）信息显示方式：液晶屏显示。

（12）报警指标组数：5组。

（13）报警级别：“准备转移”和“立即转移”。

（14）告警历史：可存储60组最近告警记录。

（15）报警指标设置方式：用户自主设置。

无线简易降雨告警器

（16）报警方式：声音报警、屏显报警、背光闪烁报警、警笛音报警。

（17）电源：室外机2×AA碱性电池（正常工作1年以上），室内机4×AA碱性电池（可以选用DC 5.0V供电）。

（18）电池电压低压报警：工作电压低于正常电压时设备自动发出报警。

（19）水平珠指示。

二、在线预警机（GX-8011型）

1.产品简介

GX-8011型在线预警机是基于GSM/GPRS/PSTN公网与传统扩音技术开发的多功能防汛预警机，实现多种通讯（手机、座机、短信）技术与扩音系统于一体的工作平台，设备既具有传统扩音功能，又增加了GSM移动通讯扩音广播功能，具有远程即时电话语音广播扩音、短信转语音广播扩音、话筒输入和MP3数码播放等功能。在线预警机其强大的功能被广泛应用于山洪和地质灾害预警、抢险救灾指挥通信、农村政策、科普知识宣传、森林防火安全、气象预报、农村日常工作指令性通知、娱乐音乐广播等。GX-8011型在线预警机与我司研制的WS-601型无线简易降雨告警器联合拓展使用可实现降雨监测实时预警，是国内首款实现与无线简易降雨告警器级联报警的山洪预警设备大幅度提升了报警转移的时效性。

2.技术参数

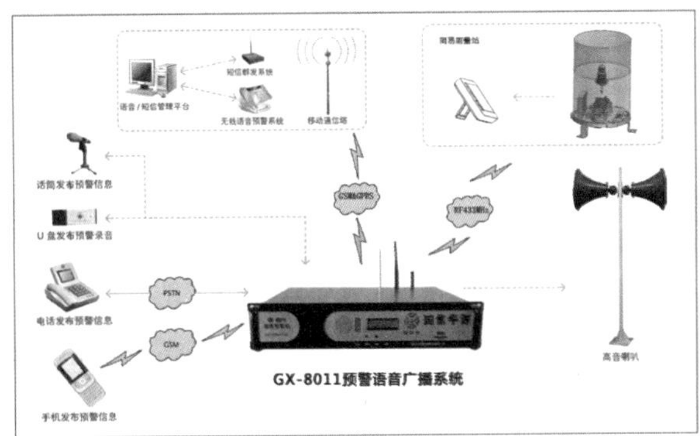

在线预警机

（1）额定功率：100W。

（2）待机功率：3W。

（3）频率响应：20～20kHz（±3dB）。

（4）信噪比：≥50dB。

（5）失真度：≤1%（f=1kHz）。

（6）交流电源：220V（－20%～15%）。

（7）直流电源：12V铅酸电池（内置）。

（8）电池供电待机功耗：＜4W。

（9）防雷电流：10kA。

（10）监听喇叭：功率5W、阻抗8Ω。

（11）MIC：音频输入电平≥2mV 600Ω。

（12）GSM模块支持：900/1800MHz双频，接收灵敏度-104dBm。

（13）MP3播放器支持：USB/SD卡/FM切换。

（14）PSTN电话模块工作频率：300～3400Hz、功率≤0.3W。

（15）可靠性指标：正常维护条件下，MTBF平均无故障时间大于等于25000h。

（16）工作温度：－20～70℃。

（17）相对湿度：40%～70%。

（18）存储条件：－40～85℃。

单位名称：北京国信华源科技有限公司
单位地址：北京市西城区广安门内大街甲306号楼825室
联 系 人：何秋平　　邮政编码：100053
联系电话：010-63205220　　传　　真：010-63205221
网　　址：http://www.bjgxhy.com　　E-mail：bjgxhy@163.com

大连恒达玻璃钢船艇有限公司

公司简介

大连恒达玻璃钢船艇有限公司坐落在大连普兰店市皮口镇工业园区，是东北地区最大的玻璃钢船艇专业生产厂家之一。公司注册资金1000万元，占地面积20000m²，具有8000m²的现代化玻璃钢船艇生产车间和各类专业生产设备以及独立的大型试验水池；具有Ⅰ级Ⅰ类（船长24m以上）玻璃钢船艇和玻璃钢渔船的设计、建造资质；具有法国船级社BVC“ISO 9001A(2008)”和国军标GJB 9001A-2001双重质量体系证书。主要产品为：高档玻璃钢游艇、高档休闲钓鱼艇、全封闭玻璃钢救生救助艇，玻璃钢特种用途艇以及为国家防汛抗旱总指挥部办公室研发建造的各类防洪抢险艇。产品远销日本、韩国、澳大利亚、欧美等国家和地区。玻璃钢特种用途艇国内市场占有率超过50%，新式防洪抢险救生救助艇市场占有率100%。在国内外同行业中享有较高的知名度和市场影响力。

大连恒达玻璃钢船艇有限公司是中国船舶行业协会游艇分会副理事长单位、中国船舶行业协会游艇分会专家委员会委员单位；辽宁船舶行业协会和辽宁造船工程学会常务理事单位。公司董事长兼总经理马继武先生是大连市及辽宁省游艇专家库成员，新兴产业带头人；全国《玻璃钢船艇建造工艺手册》编辑委员会副主任。参与过大连市游艇产业规划、大连市船舶行业“十一五”和“十二五”规划的审核工作。

近年来，公司非常重视科技研发工作以及科技合作、协作的重要性。长期与哈尔滨工程大学一系“国防重点实验室”，中科院沈阳自动化研究所“国家重点实验室”保持密切的合作关系，参与过国家“863”，“973”水上项目的合作项目。2009年以来，受国家防汛抗旱总指挥部办公室的委托，设计研发用于防洪抢险，救生救助的新式防汛抢险用艇，已通过两项部级科学技术成果鉴定，已向国家知识产权局申报了多项发明专利和实用新型专利。目前该系列产品已被纳入水利部部级标准，被国家防汛抗旱总指挥部列入国家“十年减灾成就展”中的最优产品。产品覆盖国家及各省市防汛部门。

优秀产品推荐

HD660-RIB嵌入组合式防汛抢险艇、HD580-RIB嵌入组合式防汛抢险艇、HD660RIB-ZC自动充气组合式防汛抢险艇、HD580RIB-ZC自动充气组合式防汛抢险艇、HD660RIB-WJ喷水组合式防汛抢险艇、HD660RIB-ZC(WJ)自动充气喷水式防汛抢险艇

其产品特点如下：

（1）艇体部件化、部件标准化的产品模式。

（2）艇体与充气胶舷可以任意拆卸、组合、互换的通用特点。

（3）艇体与充气胶舷可以分体运输、分类仓储。

（4）适用于舷外机、喷泵装置动力设备。同时，可根据客户需要配置自动充气系统和自动照明系统。

（5）艇体和充气胶舷分别满足现行规范的稳性、抗沉性要求。应急情况下可以搭载2倍的额定乘员。

（6）具有很好地稳性、适航性、抗风浪性、安全性、救援救助机动性能和快速反应性能。

（7）浅V形滑行艇艇型。适用于沿海平静水域和内河B级航区。

（8）本艇采用玻璃钢单板、夹层板纵横结合式结构。选择优质船用玻璃钢材料建造艇体。

（9）充气胶舷采用优质艇用PVC材料制作，根据客户需要也可以采用更高档的HPY材料制作充气胶舷。

（10）喷水推进设备的使用，可以在更浅的水域中实施救助。

（11）喷水推进设备设有双套除污装置，可以在复杂水域中实施救助。不惧怕水草、网具和树枝等杂物。

（12）自动充气系统不需借助任何辅助设备，1min之内可将充气胶舷各气室充气至规定的使用压力。

嵌入组合式防汛抢险用艇系列（1）

嵌入组合式防汛抢险用艇系列（2）

喷水组合式防汛抢险用艇系列（1）

喷水组合式防汛抢险用艇系列（2）

单位名称：大连恒达玻璃钢船艇有限公司
单位地址：辽宁省大连市普兰店市皮口镇工业园区
联 系 人：马继武　　邮政编码：116222
联系电话：0411-83396000　　传　　真：
网　　址：　　E-mail：dlhdfrp@126.com

北京奥特美克科技股份有限公司

公司简介

北京奥特美克科技发展有限公司成立于2000年，2012年10月公司完成了股份制改造，更名为北京奥特美克科技股份有限公司，地处中关村核心地带上地信息产业基地国际科技创业园，专业从事水利信息化项目的规划设计、咨询评估、软硬件产品开发与服务。

公司研发生产的水文水资源测控终端、雨量计、无线广播预警设备、水质自动监测站等设备和众多软件产品，具有全国工业产品生产许可证、实用新型专利、软件著作权证、北京市自主创新等多项专利和证书，数万台套设备在水利及相关行业得到广泛应用。公司凭借技术和产品优势承建了生态环境监测系统、城市水资源实时监控与管理系统、中小河流水文监测系统、山洪灾害监测预警系统等数百个水利信息化建设项目。

奥特美克人有信心和能力，把奥特美克打造成世界级水利信息化产品和服务供应商。不断为人类的防灾减灾、水资源合理利用、水生态修复作出新贡献。

优秀产品推荐

一、奥特美克中小河流洪水预报与水情服务系统

能完成洪水预警、预报、发布和水情信息服务，实现地市、省级和国家水文部门对中小河流水情信息的共享，为我国中小河流开发利用和防洪减灾提供技术支撑。

系统包括数据交换子系统、数据交换监控子系统、数据交换统计子系统、洪水模拟子系统、洪水预报子系统、水雨情监测预警子系统、信息发布子系统、水雨情查询分析子系统、基础信息子系统和系统管理子系统。

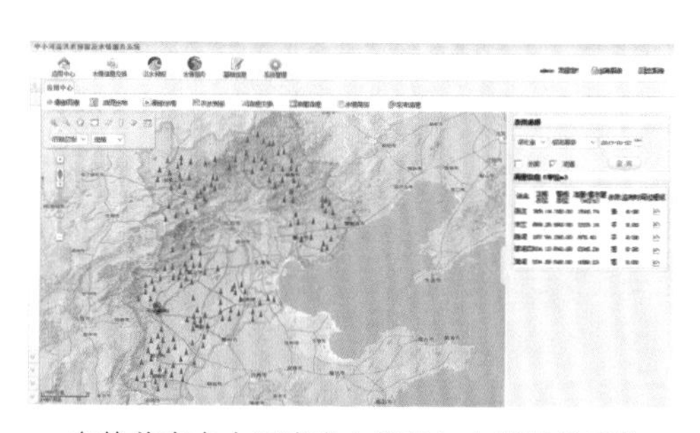

奥特美克中小河流洪水预报与水情服务系统

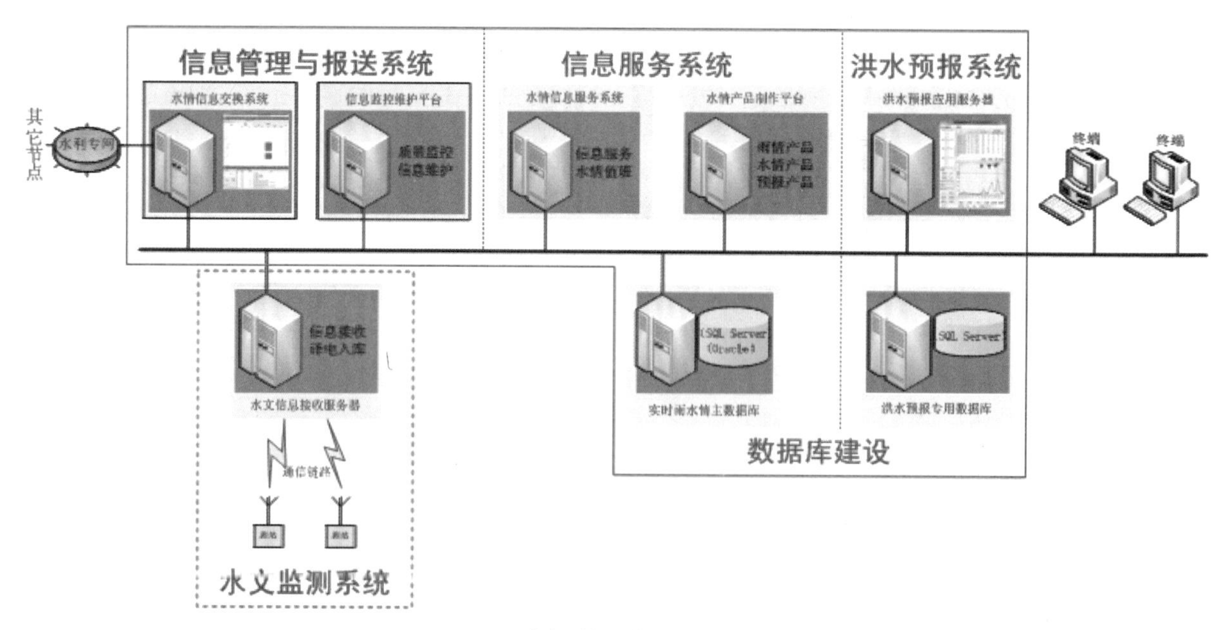

洪水预报工作流程

二、奥特美克省地市级山洪灾害监测预警信息管理系统

1. 产品简介

汇集辖区内县级监测预警平台的实时监测预警等各类信息，对汇集的数据进行分析整理、汇总统计、共享上报，为省、地市级防汛及有关部门及时掌握情况，了解山洪灾害防御态势，进行监督指导提供支持。

2. 产品特点

建立集日常监测、山洪灾害的预报、预警于一体的综合系统。通过综合监测、综合分析、综合预警的管理模式，实现对山洪灾害的监测预警、预警发布、决策分析、应急响应等功能的一步到位应用，提供更为高效、快捷的操作，减少由于对系统理解偏差而引起的不必要的损失，将灾害可能造成的损害控制在最小范围。

奥特美克省地市级山洪灾害监测预警信息管理系统

实现跨部门、跨区域的山洪灾害数据资源共享。建成采集准确及时，内容全面的山洪灾害监测预警体系，利用多媒体远程技术使国土、水利、气象、环境等相关部门的指挥者更全面的了解灾情，并为其协同指挥调度和辅助决策提供稳定可靠的数据支撑和科学依据。

建立多信道互备的通信网络。保证通讯的准确性和及时性，进一步提高通讯网络的稳定性和设备多样性，实现水文自动测报系统设备的通讯需要，为山洪灾害监测预警系统提供及时、准确的数据。

山东省烟台市市级山洪灾害监测预警系统典型界面（1）

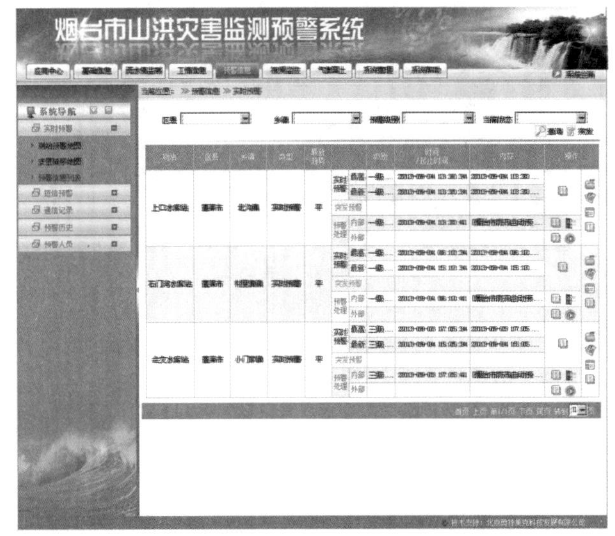

山东省烟台市市级山洪灾害监测预警系统典型界面（2）

单位名称：北京奥特美克科技股份有限公司

单位地址：北京市海淀区上地西路8号中关村软件园10号楼208

联 系 人：翟素利　　邮政编码：100193

联系电话：010-82894255-8003　　传　　真：010-82894252

网　　址：http://www.automic.com.cn　　E-mail：zhaisuli66@163.com

青岛鑫源环保设备工程有限公司

公司简介

青岛鑫源环保设备工程有限公司，总部青岛鑫源水务科技有限公司坐落于青岛市国家高新技术开发区；在城阳区青大工业园和莱西市店埠工业园分别建有工厂，总占地50000多m^2；是专业从事水工业设备研发、设计、销售、安装、维护的高新技术企业。公司具有完善的设计、开发、检测和产品制造的能力，通过了ISO9001：2008国际质量体系认证、ISO14001环境体系认证和3C国际强制性认证，是水利部科技推广企业，是国家创新型科技培育企业。

自创业之初，公司就紧跟时代步伐快速发展，已经获得发明专利3项、实用新型及外观专利83项；公司多次获得“质量、服务、信誉AAA企业”，“全国重质量、守信誉先进单位”，“质量、信誉双保障示范单位”，“工程建设推广产品”等多项荣誉。

优秀产品推荐

一、集成式一体化净水设备

集成式一体化净水设备

1. 产品简介

本设备为我公司研制的一新型产品，是集预氧化（选配）、絮凝、沉淀、气浮（选配）、过滤、活性炭吸附（选配）、消毒七个主要工艺为一体的高科技净水装置。本装置不仅适用范围广，处理效果好，出水水质优良，而且自耗水量少，动力消耗省，占地面积小，节水、节电、节人工。是新一代居民饮水工程最理想的净水产品。

2. 技术参数

（1）SKJH-Y集成式一体化净水设备出水水质（山东省疾病预防控制中心检测报告，受理编号:20100514）：浊度＜0.1NTU（国家标准要求：≤1NTU）；色度＜5（国家标准要求：≤5）；pH值7.94（国家标准要求：6.5～8.5）。

（2）一体化净水设备所采用的防腐涂层—热喷锌镀膜涂层耐盐雾时间（化学工业海洋涂料质量监督检验中心检验报告，受理编号：TW10008）≥3000h。

二、反渗透设备

1. 产品简介

反渗透技术是当今最先进和最节能有效的盐分离技术之一，反渗透是渗透的逆过程。利用反渗透膜的特性，可以有效地去除水中的溶解盐、胶体、有机物、细菌、微生物等杂质。具有能耗低、无污染、工艺先进、操作维护简单等优点。该产品近20年得到迅猛的发展，其应用领域从早期的脱盐扩展到今天化工、医疗药、电子、电力、生物、饮料等行业溶液分离、纯水制备、物料浓缩、

反渗透设备

废水处理与回用等。

2. 产品特点

SK型RO设备利用最先进的膜法处理工艺，出水稳定，出水可直饮，出水指标满足国标饮用水标准（GB 5749—2006）全部106项标准，是取代传统水厂适应新时代居民用水要求的新工艺。

SK型设备属于物理脱盐法。单支反渗透膜的脱盐率能达到98%以上，并可同时去除水中的胶体，有机物，细菌，病毒等。

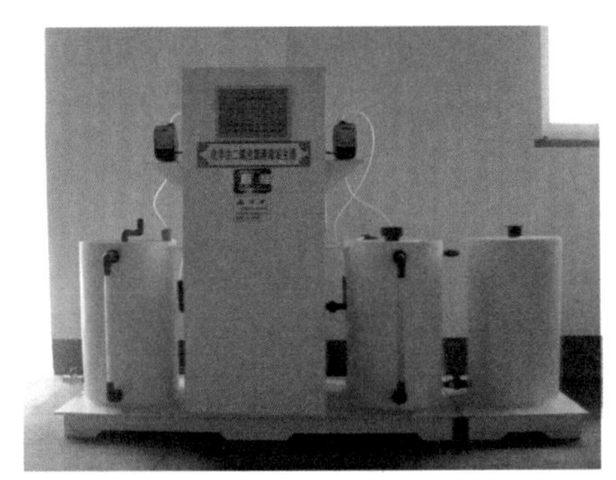

二氧化氯消毒设备

三、二氧化氯消毒设备

1. 产品简介

公司开发的SK系列二氧化氯发生器，采用氯酸钠和盐酸为原料，制取以二氧化氯为主，氯气为辅的复合消毒剂。通过合理的设计使二氧化氯的有效产率高达70%以上。并具工艺结构先进，集成化程度高，占地小，使用安全、方便，运行成本低的优点。

2. 产品特点

稀释水流经水射器产生真空，并且从设备外部抽吸部分空气来稀释反应器内的二氧化氯气体浓度并将各级产生出来的二氧化氯气体迅速带出，操作安全。

四、无负压供水设备

1. 产品简介

无负压增压供水设备采用水泵与自来水管网直接相连，用压力调节罐作为水泵进水储水装置，采用真空消除器消除管网内所产生的负压，在充分利用自来水管网直接相连，用压力调节罐作为水泵进水储水装置。采用真空消除器消除管网内所产生的负压，在充分利用自来水管网的原有压力的基础上实现了供水的二次增压，该设备既实现了增压的目的，又节省建水池，水箱的投资。在保证管网水质的同时，又可充分利用管网的原有水压，其节能效果极其显著。无负压供水设备全自动智能控制，具有多种保护和控制功能，可实现真正无人值守。

2. 产品特点

（1）高效节能；

（2）供水管网压力稳定；

（3）占地小、投资少，安装工期短；

（4）保护功能全，运行安全可靠，操作方便。

单位名称：青岛鑫源环保设备工程有限公司（青岛鑫源水务科技有限公司）
单位地址：山东省青岛市城阳区棘洪滩街道前海西社区
联 系 人：于开华　　邮政编码：266111
联系电话：0532-87700098　　传　　真：0532-87701287
网　　址：http://www.xinyuanep.com　　E-mail：xinyuanhuanbao@126.com

浙江华岛环保设备有限公司

公司简介

浙江华岛环保设备有限公司，坐落于风景秀丽的杭州湾畔，被教科书定位中国环保设备发源地的浙江上虞市，是一家集科研、制造、销售、安装、维护为一体的水处理设备专业公司，生产销售传统压力式、重力式净水设备与成套RO反渗透设备。公司坚持“没有最好，只有更好”的产品理念，借助浙江省水利厅下属杭州水处理研究中心，中冶海水淡化投资有限公司专家和20多年环保企业出来的骨干施工，理论与实践的充分结合，潜心钻研、刻苦攻关，不断实践，不断创新。已获得4项国家专利，获得卫生部涉水产品许可，浙江省大型反渗透设备许可。

“做人、做事”做一方产品，成一方市场。公司自成立以来，全方位为用户思考，为用户着想，工程进程中，充分考虑用户的后续使用。既要让当地政府建得起水厂，又要让管理者用得起水厂，更要让老百姓喝上安全、放心的廉价水。“想得更多，走得更远”，华岛产品一定是您无悔的选择！

优秀产品推荐

HD型全自动除铁除锰净水设备

华岛牌HD型水处理设备

一、HD型全自动除铁除锰净水设备

1.产品简介

铁锰是人体不可缺少的微量元素，人的体内缺铁，会得缺铁性贫血等疾病，直接影响身体健康。人体内所需要的铁锰，主要来源于食物和饮水。

但是水中含铁量过多，也会造成危害。当水中含铁量超标时，不仅色度增加，而且会有明显的金属味。锰超标会影响人的中枢神经，过量摄入对智力和生殖功能有影响，同时可引起食欲不振、呕吐、腹泻、胃肠道紊乱等症状。因此，高铁高锰水必须经过净化处理才能饮用。

2.工作原理及特点

通过曝气氧化，锰砂催化、吸附、过滤的除铁除锰原理，利用曝气装置使空气中的氧气将水中的二价铁（二价锰）氧化成不溶于水的三价铁（二氧化锰），再结合天然锰砂的催化、吸附、过滤，将水中的铁锰离子去除。

基于此理论，本公司的产品着重于曝气功能。首先通过提升泵提升，将水进入散开式水箱， 再用射流器曝气，使水在水箱中多循环来回，与空气中的氧气充分接触。再用跌水曝气，使水箱中的水瀑布式般跌落主水质处理器中。敞开式曝气、射流曝气、跌水曝气三种曝气方式同时应用，使曝气变得完全充分、合理。

原水经提升泵提升，先用射流器曝气，再经过跌水曝气，水中的二价铁便被氧化成三价铁，三价铁和水中的氢氧根结合生成不溶于水的氢氧化铁沉淀。同时投加混凝剂，使水中悬浮物凝结成大颗粒的絮状物（俗称矾花），进入全自动过滤器去除绝大部分悬浮物及铁离子后，进入下一个隔滤池。进行二级过滤，在锰沙的催化氧化作用下，去除残余的浊度和铁锰后，清水即从连通管由下而上汇入反冲水箱内，水箱充满后，水通过出水管进入清水池。过滤器运行中滤层不断截留悬浮物，滤层阻力逐渐增加，促使虹吸上升管中水位逐渐升高。当水位上升到辅助虹吸管口时，水从辅助管流下，依靠下降水流在管中形成的真空和水流的挟气作用，使虹吸管内形成真空，发生虹吸作用。这时，反冲水箱内的清水循着过滤时的相反方向自下而上地通过滤层对滤料进行反冲洗，当冲洗水箱水面下降到虹吸破坏管管口时，空气进入虹吸管，虹吸作用被破坏，过滤器反冲洗结束，滤池进入一下一周期的运行。

该除铁除锰设备内部采用多层分隔，保证了反冲洗的完整性，避免了传统反冲洗需要原水三倍冲洗的弊病，只需处理流量就可以了，保证反冲洗完全。

3. 技术参数

（1）滤料。天然石英砂、天然锰砂；滤层厚度1200mm；粒径：0.6～1.2mm，不均匀系数1.44～1.63。

（2）进水浊度不大于200度（NTU），出水浊度≤1度（NTU）。

（3）滤速。6～8m/h。

（4）进水压力。不小于0.08MPa（8m水头）。

（5）冲洗强度。18L/s·m^2，冲洗历时为10min，设计滤料膨胀率30%，冲洗频率1～3次/天。

二、HD型全自动净水设备

1. 产品简介

HD型全自动净水设备，是华岛人在传统重力式净水设备的基础上，利用虹吸原理，使设备做到自动反冲洗。设备的提升泵或进水阀与清水池液位实行连锁控制，可以做到智能化控制。真正做到成套型，智能型，小自来水厂。净水设备分体运输、安装，具有占地小、上马快，见效明显的特点。适用于原水浑浊度小于500的各类江、河、水库水净化。

HD型全自动净水设备

2. 工作原理及特点

原水投加混凝剂后经净水机内反应装置，把水中悬浮颗粒物凝结成大颗粒的絮状物（俗称矾花），经高效沉淀器沉淀后进入全自动过滤器高位配水箱，由配水管进入过滤室，经滤层自上而下进行过滤，清水即从连通管由下而上汇入反冲水箱内，水箱充满后，水通过出水管进入清水池。过滤器运行中滤层不断截留悬浮物，滤层阻力逐渐增加，促使虹吸上升管中水位逐渐升高。当水位上升到辅助虹吸管口时，水从辅助管流下，依靠下降水流在管中形成的真空和水流的挟气作用，使虹吸管内形成真空，发生虹吸作用。这时，反冲水箱内的清水循着过滤时的向反方向自下而上地通过滤层对滤料进行反冲洗，当冲洗水箱水面下降到虹吸破坏管口时，空气进入虹吸管，虹吸作用被破坏，过滤器反冲洗结束，滤池进入一下一周期的运行。过滤器设有强制冲洗系统，可根据管理需要随时对过滤器进行反冲洗。

3. 技术参数

（1）絮凝时间：8～10min。

（2）沉淀表面负荷：9m^3/(m^2·h)。

（3）出水浊度：进水浊度不大于500度（NTU），出水浊度≤1度（NTU）。

（4）滤速：9～10m/h。

（5）进水压力：不小于0.08MPa（8m水头）。

三、RO反渗透设备

RO反渗透设备

1.产品简介

水的深度处理采用反渗透进行脱盐处理，去除钙、镁、铅、汞等对人体有害的重金属物质，同时降低水的硬度。脱盐率98%以上，最终产出纯净水。

逆渗透过程是利用半透性螺旋卷式膜分离去除水中的可溶性固体、有机物、胶体物质及细菌。源水以一定压力被送到并通过逆渗透膜，水透过膜的微小孔径，经收集后得到纯水。水中的杂质在截流液中浓缩并被排出。RO膜可除去原水中96%的溶解性固体，99%以上的有机物及胶体以及几乎100%的细菌。

RO膜设备是目前世界上水处理设备中制取纯水最先进的设备之一，用反渗透技术将原水中的无机离子、细菌、病毒、有机物及胶体等杂质去除，以获得高质量的纯净水，其运行费用低、经济、操作方便、运行可靠，是商家首选的制取纯水设备。

2.工作原理及特点

先对原水进行预处理。第一次处理系统，采用五次过滤层的多介质过滤器，主要目的是去除原水中含有的泥沙、铁锈、胶体物质、悬浮物等颗粒在20um以上对人体有害的物质，采用美国阿图祖全自动过滤系统（简易设备无此配置），系统可以自动进行反冲洗、正冲洗等一系列操作。保证设备的产水质量，延长设备的使用寿命。同时，设备具有自我维护系统，运行费用很低。滤材主要包括：PPF、AC椰炭、KDF（清洁全金）等。

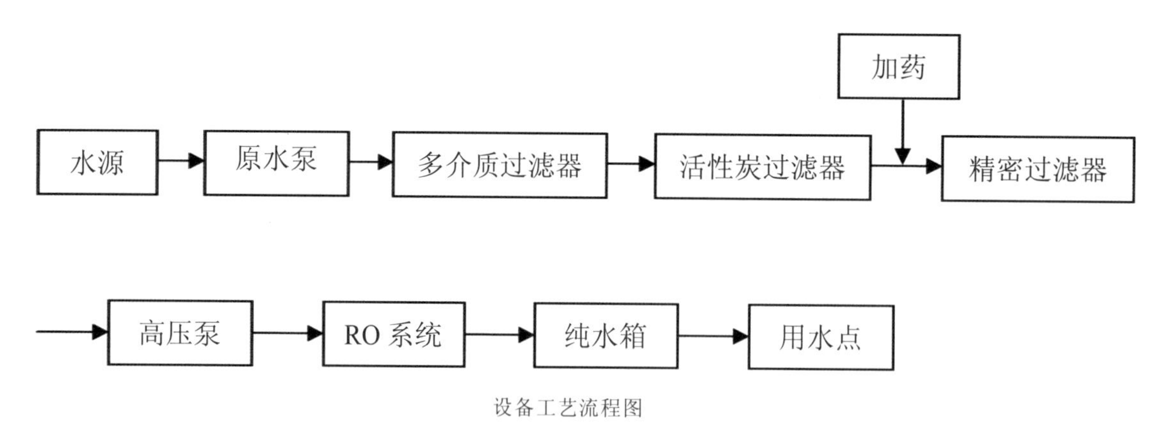

设备工艺流程图

二次处理系统采用果壳式活性炭过滤器，目的是为了去除水中的色素、异味、大量生化有机物，降低水的余氯值及农药污染物和其他对人体有害的物质污染物。采用美国阿图祖全自动过滤系统（简易设备无此配置），系统可以自动进行反冲洗、正冲洗等一系列操作。保证设备的产水质量，延长设备的使用寿命。同时，设备具有自我维护系统，运行费用很低。

最后向原水中加入阻垢分散剂或调解进水pH值，使RO膜进水呈酸性减轻膜的结垢倾向。

四次处理采用5um孔径精密过滤器，使水得到进一步的净化，使水的浊度和色度达到优化，保证RO系统和UF系统进水要求。

经过预处理的水，以RO膜作为隔离膜，通过增加泵加压自来水，使自来水中的水分子在高压下透过RO膜，而自来水中的溶解性物质被RO膜所截留并随冲洗水排出，以此得到净化后的水作为饮用水，以保证饮水的净化卫生和人身的健康安全。

本公司生产的成套RO反渗透设备，特别适用于我国北方地区苦咸水的改造。

单位名称：浙江华岛环保设备有限公司
单位地址：浙江省上虞市百官街道工业园区
联 系 人：王军民
邮政编码：312300
联系电话：0575-80270158
传　　真：0575-80270158
网　　址：http://www.zjhuadao.com
E-mail：zjhuadao@163.com

山东华通环境科技股份有限公司

公司简介

山东华通环境科技股份有限公司（以下简称华通科技）是国家高新技术企业、水处理行业龙头企业、天交所挂牌上市企业，潍坊市饮用水净化工程技术研究中心，注册资本 8600 万元，市值 1.505 亿元。

华通科技专业从事模块化净水厂系统、污水处理厂系统、大气处理系统、太阳能工程系统及水质化验监测中心的规划、设计、研发、生产、施工及运营（BT、BOT、BOO、BTO、EPC 模式），是住建部《模块化水处理系统技术规程》协会标准制定单位，研发的模块化水厂技术经山东省科技厅鉴定达到国际领先水平，并荣获住建部科技推广证书，获省水利科技厅技术进步壹等奖。公司目前拥有 40 余项国家专利，公司与中国科学院、清华大学、哈尔滨工业大学等科研院所建立了战略合作关系，是上述科研院所的产学研基地。

多年来为全国上千家供水单位提供了成套设备和技术方案，在全国已建成 300 余座模块化净水厂。下设北京、美国、澳大利亚、中国香港、新疆、福建、青岛、湖南、湖北、河北、四川、辽宁等分公司及十余处代表处。

华通科技实施的项目秉承“五化”标准，即“装备化、集成化、标准化、自动化、信息化”，开发研制的模块化净水厂系统具有节约用地、投资少、施工速度快、见效快等显著特点，经济社会效益显著。

优秀产品推荐

NFDLF 模块化净水新工艺技术

1. 产品简介

NFDLF 模块化净水新工艺与成套设备采用旋流絮凝、气浮、斜管沉淀、V 形滤池、多介质截留吸附等工艺。

NFDLF 模块化净水新工艺与成套设备突破了目前国内外净水厂系统的净水处理技术模式，提出了 NFDLF 工艺净水技术的新理念，首创设计了集“絮凝、气浮、沉淀、过滤、多介质截留吸附交换”等工艺于一体的净水技术，为中小型净水厂建设提供了可靠的先进技术和成套装备。

NFDLF 模块化净水系统示意图

2. 技术参数

（1）设备：设备宽度 < 4m。

（2）絮凝：设计流量 200t/h；进水流速 1.5 ～ 2.0m/s；絮凝出水流速 0.2 ～ 0.3m/s；穿孔旋流分格数 6 ～ 9 格；絮凝时间 15 ～ 20min。

（3）气浮：接触室上升流速 10 ～ 20mm/s，分离室向下流速 1.5 ～ 2.5mm/s；分离室液面负荷 5.4 ～ 9.0 $m^3/(m^2 \cdot h)$，回流比 5% ～ 10%，溶气压力 0.2 ～ 0.4MPa，池有效水深 2.0 ～ 2.5m。

（4）沉淀：沉淀负荷 5 ～ $9.0m^3/(m^2 \cdot h)$。

（5）过滤：滤速 9 ～ 11m/h；横扫反冲强度 1.4 ～ $2.2L/(m^2 \cdot s)$，反冲强度 $14L/(m^2 \cdot s)$，反冲时间 8 ～ 12min，滤层厚度，1.0 ～ 1.5m，滤层表面以上水深 1.2 ～ 2m，排水槽顶高出滤层 0.5m，膨胀率 25% ～ 35%。

（6）活性炭吸附：接触时间 6 ～ 20min；流速 8 ～ 20m/h；炭层厚度 1.0 ～ 2.5m；反冲洗周期 3 ～ 6d；反冲洗强度 11 ～ 18L/（m^2·s）；反冲洗时间 8 ～ 12min；膨胀率 25% ～ 35%。

（7）出水水质：完全符合 GB 5749—2006《生活饮用水卫生标准》中规定的指标。

应用领域及前景

1. 应用范围

NFDLF 模块化净水新工艺与成套设备适用于中小型城镇、乡村集中给水供水厂建设及城镇生活污（中）水厂建设，还适用工业企业单位的生产用水建设。其特点是建设周期短，安装方便，可根据城市整体规划分期建设。

2. 优点及特点

（1）出水标准提高，原有工艺已不能适应新标准要求。2006 年卫生部出台了新的生活饮用水卫生标准（GB 5749—2006），水质监测指标由原来的 35 项，提高到 106 项。原有的水处理工艺及设施已不能适应新标准要求，必须改造或开发新的净水工艺和设施。

（2）占地面积小。传统水厂都是采用钢筋混凝土结构，如 30000m^3/d 的净水厂，传统模式水厂仅平流式沉淀池就得占地面积为 800m^2 左右。建一个中小型水厂动辄占用几十亩甚至上百亩土地，在寸土寸金的今天也大大增加了建设成本。

（3）工程设计、建设规模具备灵活性，资金利用率高。由于经济发展的速度，城乡规模不断扩大，在新建水厂的设计规模上不得不留有一定的发展空间，使得新建水厂在一定时期内的运行负荷率相对较低，实际供水规模只占设计规模的 1/3 ～ 1/2，工程建设一次性投资大，运行成本偏高。模块化工艺的水厂，设计灵活，运行时可按照实际供水负荷投入、退出净水模块；后期扩建时，可按照需求灵活的增加净水单元模块，建设及运行成本低。

（4）封闭式厂房结构，保证了供水安全、易于管理，杜绝了敞开式传统水厂受到风吹、扬沙、空气污染（如：毒性粉尘、可溶性有害气体等）的影响，及极端恐怖分子投毒的威胁。

（5）先进的智能化控制。传统水厂大都以手动控制或半自动控制方式操作，一旦水质发生突变很难立即作出调整，这时就难以保证供水质量。NFDLF 模块化净水新工艺技术，可全自动运行，根据实时的水质监测，自动调整净水工艺，确保供水的质量。

工程实例

“NFDLF 模块化净水新工艺与成套设备”已在山东省及周边省市单位推广应用，已建成大小水厂 200 余处，如日照市岚山区水利局、庆云县水务局、乐陵市水务局、乐陵市自来水公司、潍坊市白浪河水库管理局、山东海韵生态纸业有限公司、宁津县水务局、城阳鑫江集团等等，水处理规模超过 30 万 t/d，出水水质符合《生活饮用水卫生标准》(GB 5749—2006) 要求。相比传统水厂，该系统不仅投资少、建设周期短、占地面积小，而且自动化程度高、操作方便、设备运行稳定，有效地节约了水厂经营管理费用。

单位名称：山东华通环境科技股份有限公司
单位地址：山东省潍坊青州市八喜东路 4069 号
联 系 人：孙双进　　邮政编码：262500
联系电话：0536-2137709　　传　　真：0536-2137712
网　　址：http://www.hotone.cn　　E-mail：Sunshuangjin666@163.com

四川亚太环境工程有限公司

公司简介

公司拥有污水处理工艺设计甲级、环保工程专项承包二级、环保设施治理运营（工业和生活污水处理装置运营）、商务部国外环保工程承包资质和能力。承担了国内外大量污水处理工程放大、工程设计、污水处理成套设备制作、工程总承包，运营管理。

公司有一批专门从事污水和烟气处理研究、设计、工程和运行的人员，公司拥有三项污水处理和一项烟气脱硫制硫酸技术获国家“发明专利”和多项 “实用新型专利”，其各种技术和成套设备被《国家发改委、科技部、环保总局2005年第65号公告》推广、科技部《国家级科技成果重点推广计划》、《四川省科技成果重点推广计划》项目、《自主创新产品认定》、环保部《1998年国家重点环境保护实用技术》、《2004年国家重点环境保护实用技术》、《2010年国家鼓励发展的环境保护技术目录》技术依托单位等，各种水处理药剂配方研制获得国家级“攻关”计划产品。

处理研究所承担了科技部国际合作项目，并与瑞典、芬兰、加拿大、德国等知名环保企业进行过紧密地合作。

优秀产品推荐

一、LPCA富氧曝气污水处理装置

1. 产品简介

LPCA富氧曝气污水处理装置

LPCA法与传统活性污泥法、纯氧曝气法、氧化沟法、SBR法、UNITANK法、A/O法、A2/O法同属于活性污泥法，但该方法的不同之处是本项目技术是在纯氧曝气法的基础上的创新，采用在密闭球罐式生化反应容器中富氧空气曝气使污水中富集氧气，使泥水混合体中始终保持着很高的氧分压，甚至可以高于纯氧的氧分压，因而氧向污水混合液中的转移速度和在液体中的饱和值大大提高，增强了污泥的活性和分解污染物的能力，甚至可以超过纯氧曝气时的效果，有效地解决随着曝气过程生化反应的进行，液体中溶解氧的浓度下降而使反应变慢的问题，处理时间缩短到3h，装置体积减小；同时在处理过程中加入了特殊配方的高效除磷脱氮水处理剂PPA和PPM，确保出水稳定达GB 18918—2002一级A标。本法不仅具有纯氧曝气法提高污水中氧浓度的优势，但又克服了纯氧曝气法需要空分装置提供氧源的缺陷，是一种高效、经济的城市污水处理的系统方法。

2. 技术参数

见表1。

表1　技术参数

指标	pH值	COD_{Cr}	BOD_5	NH_3-N	TN	TP	SS	色度	粪大肠杆菌
进水水质	6～9	80～300	50～150	15～30	20～40	2～5	100～300	60～100倍	
出水指标	6～9	<50	<10	<5(8)	<15	<0.5	<10	<20倍	<103

3. 主要性能

LPCA旋流除砂器。能较好地分离污水中比重较大的污染物质，且为地上式无动力的设施，不需排沙泵既易排出分离后的沙粒。

LPCA厌氧反应系统。能较好的降解污水中难于生化的大分子污染物，使污水的可生化性提高；并通过反硝化实现脱除氨氮，释放磷化物供好氧段吸附磷化物后随污泥排出，达到脱磷的目的。

LPCA好氧反应系统。通过密闭和富氧曝气，使污水中氧含量达到8mg/L以上，增强污泥的活性，加快反应时间，使污水中可降解的污染物质得到迅速和充分地降解，一般COD、BOD脱除率大于90%；同时在富氧条件下使氨氮完全硝化，为厌氧反硝化提供很好的条件；在富氧条件下，使厌氧段释放的磷化物得到充分地吸收，从事达到除磷的目的。

LPCA沉淀反应系统。在厌氧和好氧反应中利用活性污泥将污水中的污染物成分降解达到国家要求的标准后，其泥水分离的好坏仍将直接影响最终的出水水质，故处理后的出水在沉淀反应系统内，通过加入微量的凝聚剂，使污泥和水能在分离系统中迅速的有效分离。

LPCA高效固液分离系统。利用浅池沉淀理论提供庞大的分离面积，使沉淀的表面负荷达到3～6$m^3/(m^2\cdot h)$，代替大容积的沉淀池，固液分离时间短，有效地使泥水分离，使COD、BOD、SS、氨氮和磷等污染物质进一步降低；可避免混/絮凝体破坏从而影响处理效果的问题，分离效果好，分离后的水中的SS＜10mg/l；同时具有分离和浓缩污泥的功能，分离后的污泥浓度＜5%，沉渣不需要再浓缩，直接送干燥。

大于1000m^3/d装置

大于1000m^3/d装置

二、LPC污水处理装置

1. 产品简介

采用物理化学的方法，使用不对水体有污染的化学品，将污水中可溶性的部分有机物和氮磷，变为不可溶的物质或无毒物质；再加入高效复合凝聚剂PPM，通过改变污水系统的δ电位，将污水中不可溶的污染物质和部分可溶性的污染物质一起凝聚起来，并保证在搅拌和输送的过程中凝聚体不会再散开，使凝聚后的混合液通过LPC高效固液分离器进行有效的固液分离，处理后的出水能达到GB 18918—2002一级A标排放，或用于园区绿化。

2. 技术参数

见表2。

表2　技术参数

项目	进水	出水
BOD_5	60～150mg/L	≤10mg/L
COD	80～400mg/L	≤50mg/L
SS	80～500mg/L	≤10mg/L
NH_4-N（以N计）	15～30mg/L	≤5（8）mg/L
TN（以N计）	20～40mg/L	≤15mg/L
TP（以P计）	2～5mg/L	≤0.5mg/L
pH值	6～9	=6.0～9.0
粪大肠菌群数（个/L）		≤10^3

3. 主要性能

改变了传统容器型水池凝聚剂反应不完全的状态。

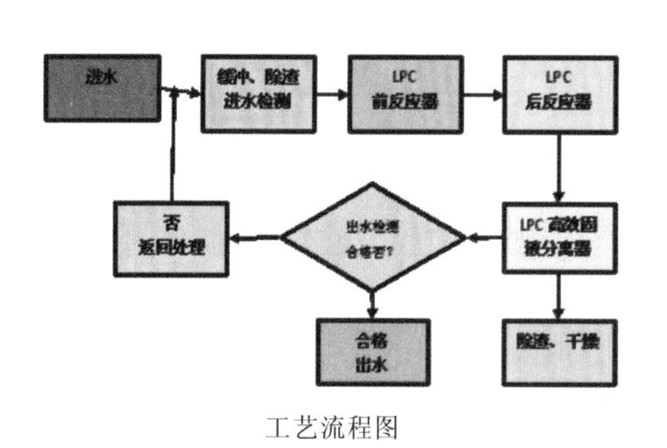

工艺流程图

专有配方的高效复合水处理剂PPA/PPM经欧盟试验场与国际著名水处理剂公司KEMWATER的产品对比试验，处理效果优、价格低。

可根据进入水量和水质调节水处理剂PPA/PPM的加入量。

在室外温度－29～50℃范围内出水水质均能达到一级A标。

高效复合水处理剂PPA/PPM在保存、配制和搅拌以及处理过程流动不降解。

工艺流程短、装置成套化、处理时间短，系统占地小。

处理装置自动化程度高，操作简单，可根据水量起停处理装置，运行人员可巡回检查，可兼职或同时管理片区多个小型污水处理厂。

处理装置成套化、管道化，便于设计、施工、维护维修、升级改造。

固液分离后的沉渣量少且呈疏水性，易于干燥和处理。

由于处理流程简单，系统电耗非常小，高效复合水处理剂效果好、用量小、价格低，更重要的是运行人员少，单位处理费用不超过0.3元/m^3（不含人工）。

三、LPC一体化自来水处理装置

1.产品简介

LPC一体化自来水处理装置

采用我公司发明专利技术——LPC物理化学凝聚法和配套LPC反应器、专有的自来水处理剂PPA/PPM与地表水和地下水充分搅拌混合反应，形成优良的混凝体，将水中的不可溶和部分可溶性污染物质、重金属等良好包裹，并保证在水流动和搅拌的过程中，絮体不会散，使包裹后的污染物质不会重新进入水中，保证在LPC高效固液分离装置得到优良的分离，出水经过滤、消毒处理后达到国家生活饮用水卫生标准（GB 5749—2006）。若处理不合格，返回再进行处理。

若原水中铁锰或钙镁超标，则可在加入PPA/PPM前，先采用生物方法脱除铁锰，然后加入无毒化学品PPS，将溶解于水中的钙镁离子改变为不可溶解的物质，再进入LPC混絮凝和高效固液分离系统，处理后的出水优于国家生活饮用水卫生标准（GB 5749—2006）。

2.技术参数

见表3。

表3　水质常规指标及限值

指　　标	限　　值
1.微生物指标	
总大肠菌群（MPN/100mL或CFU/100mL）	不得检出
耐热大肠菌群（MPN/100mL或CFU/100mL）	不得检出
大肠埃希氏菌（MPN/100mL或CFU/100mL）	不得检出
菌落总数（CFU/mL）	100
2.毒理指标	
砷（mg/L）	0.01
镉（mg/L）	0.005
铬（六价，mg/L）	0.05

续表

指标	限值
铅（mg/L）	0.01
汞（mg/L）	0.001
硒（mg/L）	0.01
氰化物（mg/L）	0.05
氟化物（mg/L）	1
硝酸盐（以N计，mg/L）	10
	地下水源限制时为20
三氯甲烷（mg/L）	0.06
四氯化碳（mg/L）	0.002
溴酸盐（使用臭氧时，mg/L）	0.01
甲醛（使用臭氧时，mg/L）	0.9
亚氯酸盐（使用二氧化氯消毒时，mg/L）	0.7
氯酸盐（使用复合二氧化氯消毒时，mg/L）	0.7

3. 产品特点

（1）可对地表水和地下水处理后（包括铁锰等重金属处理，还可包括化学除钙镁等软化系统）达到饮用水标准。

（2）将自来水厂处理的各流程采用集成式的一体化设备，处理时间短，处理装置占地小（200t/d规模的占地30m²，不含清洁水池）。

（3）处理装置全为不锈钢制作，不污染水质，使用年限长。

（4）处理装置具有能耗低[0.1(kW·h)/t]、处理成本低，工艺流程短、装置成套化、系列化（单台50～500t/d），安装简单（基础和清水池完成后2d安装出合格饮用水），并易于扩建。

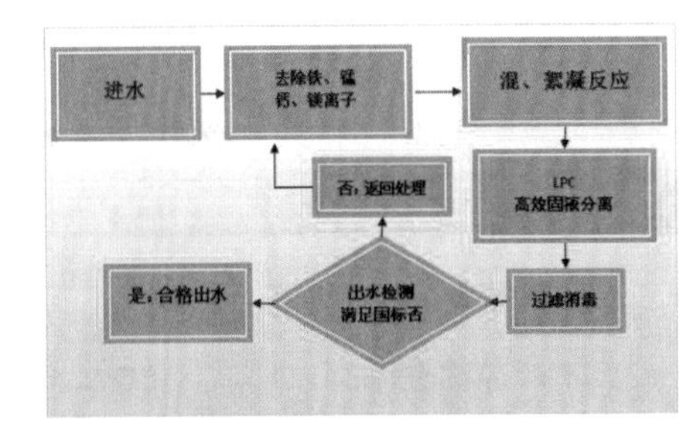

一体化自来水处理装置工艺流程

（5）可广泛应用于野外、流动环境。特别适用于军警、地质、石油等野外移动使用和应急救灾如抗震救灾。

（6）高效复合水处理剂PPA/PPM经成都市卫生防疫站检测，可用于自来水处理。并经欧盟试验场与国际著名水处理剂公司KEMWATER的产品对比试验，处理效果优、价格低。

（7）本系统对于山区洪期高浊度水处理做饮用水效果很好。

（8）处理装置自动化程度高，操作简单。

单位名称：四川亚太环境工程有限公司
单位地址：四川省成都市永丰路18号
联 系 人：魏常枝
邮政编码：610041
联系电话：028-85182598
传　　真：028-85182598
网　　址：http://www.scytsw.com
E-mail：1149109369@qq.com

扬州市天雨玻璃钢制品厂有限公司

公司简介

扬州市天雨玻璃钢制品厂有限公司是全国环保百强企业——江苏天雨环保集团全资子企业，位于历史文化名城扬州市东北郊，南临长江，西接京杭大运河，紧依京沪高速，水陆交通十分便利。

专业生产聚酯复合材料拍门，为各类大中型水泵、排水管道配用，产品遍布全国。2010 年获国家两项专利，具有自主知识产权。2002 年以来连续获 AAA 级资信企业。现占地面积 4 万 m^2，员工一百余人，其中各类专业技术人员 30 人。主要产品有拍门、潮门，格栅板、转盘曝气机、通风管道、及各类加药设备。广泛应用于城市给排水及冶金、轻工、发电、化工、水处理工程。

企业宗旨，以质量求生存，以诚信求发展，我们将与海内外广大客户一起创造美好的明天。

优秀产品推荐

高强聚酯（玻璃钢）拍门

1. 产品简介

高强聚酯拍门是由江苏省扬州市天雨玻璃钢制品厂有限公司生产的一种高强度聚酯玻璃钢复合材料制品， 产品采用不饱和聚酯树脂为基体，加入增强玻璃纤维并在特定的模具中经固化形成的高分子复合材料制作的一种新型水泵断流装置，适用于给排水及污水处理工程和农业灌溉排水泵站中的各种管道出口和水渠中作为溢流、止回设施，也可以用于各种竖井井盖。主要特点是重量轻、强度高，因此开启角度大、撞击力小，一般直接安装于水泵的出水管道出口，特别适用于要求管道出口水力损失小，耐冲击力较高的场合。

高强聚酯（玻璃钢）拍门

2. 产品特点

（1）复合材料耐腐蚀，抗老化。
（2）无回收利用价值，不会被偷盗。
（3）重量轻，开启角度大，水力损失小，关闭时撞击力小。
（4）可按用户的要求进行设计，安装方便，运行安全可靠，易于维护。
（5）使用寿命长。

3. 性能指标

机械性能：
（1）弯曲强度：297MPa。
（2）弯曲模量：1.27×10^4MPa。
（3）拉伸强度：227MPa。
（4）拉伸模量：1.38×10^4MPa。

（5）压缩强度：183MPa。

（6）冲击强度：191kJ/m²。

（7）剪切强度：98MPa。

质量指标：

（1）树脂含量：50% 以上。

（2）固化度：80% 以上。

（3）巴氏硬度：40 ～ 50。

（4）相对比重：1.8 ～ 2.2。

应用领域及工程实例

由于高强聚酯拍门所具有的优良特点，并得到多家设计院和用户的认可。我公司生产的高强聚酯圆形拍门和矩形拍门已在工程中得到广泛应用，使用效果良好。部分应用案例如下：

(1) 广东惠东县巽寮镇废水排放工程，采用 DN2200 拍门 2 台和 DN1500 圆形拍门 1 台。

(2) 南京下关秦淮河治理工程北吴东路雨水泵站，采用 DN1000 拍门 3 台。

(3) 武汉市汉阳华尔兹泵站，分别采用 DN2000/DN1800/DN1500/DN1200 各 1 台。

(4) 辽宁东港污水处理工程 1# ～ 5# 雨水泵站，采用 DN1200 拍门 30 台。

(5) 武汉市武昌光谷大道箱谷涵工程（武汉一建承建），采用 5.0m×2.2m 大型矩形拍门 3 台。

(6) 武汉市黄陂区城市废水排放工程，采用 4.0m×1.8m 拍门 2 台。

(7) 深圳市城市污水排放工程（海南五建承建），采用 4.5m×2.0m，3.5m×1.8m 拍门各 1 台。

(8) 其他如在上海市浦东、松江区，江苏省江阴市，福建省晋江市，广东省广州市、惠州市，海南省，江西省等许多泵站、管网工程中均得到了广泛应用。

我公司经过对用户走访、认真调研，不断优化高强聚酯拍门结构，提升拍门的使用效果，目前正在研发第三代高强聚酯拍门，不久将投入市场。

综上所述，由于高强聚酯拍门的良好性能，具有其他拍门（钢制拍门和铸铁拍门等）无可比拟的优点，必将得到各位有识之士的青睐，并将得到进一步的推广和应用，也必将在我国水利建设和城市建设中发挥其应有的作用。

高强聚酯圆形拍门

高强聚酯矩形拍门

单位名称：扬州市天雨玻璃钢制品厂有限公司

单位地址：江苏省江都市真武镇

联 系 人：蒋长忠　　邮政编码：225264

联系电话：0514-80913878　　传　　真：0514-86233258

网　　址：http://www.tyblg.cn　　E-mail：Tyblg6231182@163.com

南京理工水夫环保科技有限公司

公司简介

南京理工水夫环保科技有限公司，是中国领先的二氧化氯技术、产品和解决方案供应商。公司依托南京理工大学技术实力和科研成果，十多年不断创新，成为行业技术的领跑者。本着“求实创新，诚实守信”的企业精神以及“成就专业，演绎经典”的企业理念，公司自成立起，就紧紧围绕二氧化氯的应用技术领域，坚定而又执著地进行着技术创新。凭借在二氧化氯行业十多年的深厚积累，公司致力于二氧化氯消毒技术、工艺在各行业的全面解决方案提供，包括水处理工艺系统设计，二氧化氯消毒系统设备的研制、开发、生产、销售和咨询服务。成为国内二氧化氯行业技术服务最全面的，产品种类最齐全（手控—远程控制和正压—负压二氧化氯发生系统，高效速溶和长效缓释型二氧化氯消毒剂等），专有技术最多（如钛合金反应器、原料双计量装置、二氧化氯的多点投加装置等），质量稳定可靠的专业企业。

优秀产品推荐

一、水夫牌二氧化氯发生器

1. 产品简介

水夫牌二氧化氯发生器为通用型设备，可采用多种工艺，生成高纯二氧化氯消毒液，或以二氧化氯为主、氯气为辅的混合消毒液。发生器种类齐全（手动 - 自动 - 远程控制型发生器，正压 - 负压型发生器等）、专有技术多（钛合金反应釜，原料双计量装置，多点投加装置等）、质量稳定可靠。

该产品主要特点如下：①设备运行安全可靠；②设备运行节能环保；③设备控制方式多样化；④复合型和高纯型通用；⑤可远期升级换代；⑥投加点位置佳、耗药量少、动力省、成本低等。

2. 技术参数

见表 1。

表 1　　技术参数

防护等级	IP 65	IP 65
所需化学品浓度及进料比例	推荐浓度 1. 15% 盐酸：18.5% 亚氯酸钠 = 1 ：1，更多浓度可选 2. 31% 盐酸：27.8% 氯酸钠溶液 =1.2 ～ 1.5 ：1	推荐浓度 1. 15% 盐酸：18.5% 亚氯酸钠 = 1 ：1，更多化学品浓度可选 2. 31% 盐酸：27.8% 氯酸钠溶液 =1.2 ～ 1.5 ：1
室温 / 原料温度		5 to 40℃
允许的空气相对湿度	40℃条件下最大湿度为 80%	40℃条件下最大湿度为 80%
反应釜大小	φ90×300	φ108×300、φ200×400、φ250×450、φ250×1000、φ350×1000
二氧化氯溶液浓度	在无稀释水，使用推荐的化学品浓度时，大约 20 ～ 30g/L(20000 ～ 30000ppm) 在有稀释水，使用更广泛的化学品浓度时，大约 1 ～ 50g/L(1000 ～ 50000ppm)	
安全装置	通过液位测量来监控化学原料液位	通过液位测量进行监控
材质	系统机架：ABS，PVC 反应容器：钛合金，PVC 内部软管：PTFE，硬管：PVC	系统构架：PVC 反应容器：钛合金、PVC 内部软管：PTFE，硬管：PVC
工作电源、加热电源（台）	220V/0.06kW；220V/1kW	220V/2A 或 380V/1.5kW；220V/1 ～ 4kW
二氧化氯发生量 (g/h)	30 ～ 200	200 ～ 20000
设备尺寸 (mm)	480×280×880，660×440×260	700×620×1550，800×620×1550 900×800×1700，1200×900×1800

二、水夫牌ZJZ加药设备

1.产品简介

ZJZ系列加药设备可带压/常压/负压投加各种药剂。可配用ORP、pH、余氯、流量、浊度、总磷、电导等检测仪表，在线监测水体有关参数，自动控制氧化剂(或还原剂)、絮凝剂、酸或碱、杀菌剂、缓释阻垢剂等各种水处理药剂的加注。

2.技术参数

(1)加药能力：5～500(L/h)。

(2)工作电压：380V±10%。

(3)功率：0.39～1.8kW。

(4)允许室温、化学品温度：5～40℃，5～40℃。

(5)材质：系统框架为PVC，内部软管为PTFE，硬管为PVC。

(6)净重：65～140kg。

ZJZ加药设备

二氧化氯发生器(≤200g/h)

伊拉克油田供水消毒现场

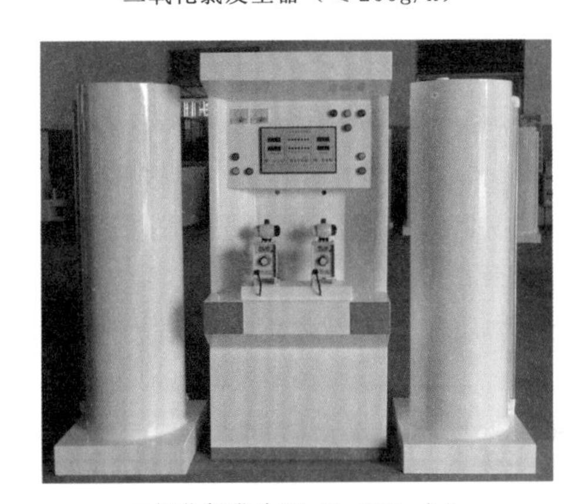

二氧化氯发生器(＞200g/h)

山西长治供水公司第三水厂消毒现场

单位名称：南京理工水夫环保科技有限公司
单位地址：江苏省南京市白下高新产业园创业园3号楼A1-202
联 系 人：王欣　　邮政编码：210014
联系电话：025-84311269　　传　真：025-84310870
网　址：http://www.shuifuhuanbao.com　　E-mail：info@sfclo2.com

四川环能德美科技股份有限公司

公司简介

公司是提供水环境治理及生态水确保整体解决方案服务的专业公司，2011年被中国水利学会评为“最具成长力水业品牌”，2012年被评为“‘水之星’水务专业品牌”。

公司创造性地运用“透析保护”和“生态修复”相结合的水环境治理和生态水确保整体解决方案，采用高效、全面、稳定的前沿物化技术和成熟生态技术，包括超磁透析保护技术、人工湿地技术、矿物质砂滤技术、生物净化床和生态驳岸等，开创了水生态保护与修复的新领域，顺利完成了城市河湖污染防治工程、水资源保护与再生水利用工程、河湖景观与生态修复工程、湿地公园建设工程、小流域与分散点源水污染控制工程等，荣获多项国家、省部级奖项和荣誉。

公司经过多年发展，综合实力已位居同行前列。

优秀产品推荐

超磁分离水体净化成套技术设备

1. 技术原理

普通水体中悬浮物一般不带磁性。超磁分离水体净化技术是将不带磁性的水体悬浮物赋予磁性，然后通过超磁分离机进行固液分离，水体得到净化；水体中分离出来的泥渣经磁种回收系统分散、脱磁后实现磁种与泥渣的分离，磁种进入下一个循环使用过程。

超磁分离水体净化技术(ReCoMagTM)的系统设备由四大部分组成：加药系统部分、混凝系统部分、超磁分离系统部分和磁粉投加及回收部分组成。

该成果主要内容包括：①适合磁分离的磁种；②适合分离磁种絮凝反应后生成的“微磁絮团”的超磁分离机；③磁种投加及回收设备（磁分离磁鼓）；④新型混凝系统设备，能使磁种与非磁性物质能很好地形成磁性絮体。

2. 工艺流程

（1）待处理水体经过预处理后，进入混凝反应器，与一定浓度磁性物质混合均匀；含有一定浓度磁性物质的水体，在混凝剂和助凝剂作用下，完成磁性物质与非磁性悬浮物的结合，形成微磁絮团。

（2）经过混凝反应后，出水流入超磁分离设备，在高磁场强度下，形成的磁性微絮团由磁盘打捞带出水中，实现微磁絮团与水体的分离，出水直接排放或回用。

（3）由磁盘分离出来的微磁絮团经磁回收系统实现磁性物质和非磁性污泥的分离，分离所得磁性物质回收再利用（回收率＞99%），污泥进入污泥处理系统。

（4）待处理水体从流入混凝反应器至超磁分离设备净化处理总的停留时间大约为3min左右，实现污水的快速澄清。

3. 技术参数

技术性能指标如下：

（1）除磷效果。总磷TP≤0.5mg/L。

（2）磁种。选用磁性能强的磁粉，剩磁小于8Gs。

（3）微絮凝。混絮凝时间小于3.5min；磁分离时间小于30s。

（4）磁盘磁场强度。磁盘表面磁场强度大于4000Gs，中心磁场强度大于8000Gs。

（5）卸渣方式。复合材料软性卸渣装置。

（6）磁种投加及回收。保证磁种剩磁小于8Gs，磁种回收率大于99%。

出水指标如下：

（1）捕捉微粒的粒径最小达到20μm。

（2）进口水质SS：300～400mg/L的情况下，出口水质SS≤10mg/L。

（3）进口TP2～4mg/L的情况下，出水TP小于0.05～0.5mg/L。

（4）进口水质油≤50mg/L的情况下，出口油≤5mg/L。

（5）非溶解性COD的去除率＞80%。

北京市北小河再生水厂市政污水一级强化水处理服务项目

大庆油田水处理服务项目

北京东隆景观水处理服务项目

福州西禅寺生态水确保工程

单位名称：四川环能德美科技股份有限公司
单位地址：四川省成都市武侯区武兴一路3号
联 系 人：张科　　邮政编码：610045
联系电话：028-85001656　　传　　真：028-85001655
网　　址：http://www.scimee.com　　E-mail：1057794189@qq.com

上海久鼎绿化混凝土有限公司

公司简介

上海久鼎绿化混凝土有限公司，成立于 2010 年 12 月 6 日，注册资金 1200 万元，是国内唯一一家专业生产现浇绿化混凝土的公司。公司自 2004 年开始对绿化混凝土的结构原理等进行不断的深入摸索研究，解决了绿化混凝土的抗压强度、孔隙率、抗水土流失、除碱、沉浆等一系列都能影响到工程的绿化效果及工程的牢固性、稳定性等相关方面的技术难题，真正实现了人们所向往的混凝土上长草的愿望，而且公司为了更好的节约资源，减少成本开支，响应国家低碳环保号召，从原来的预制绿化混凝土块的生产逐步改进技术，真正做到能现场浇筑，并且能在 1 ∶ 1 的陡坡上进行施工操作。这一技术的使用使得工程的牢固性、稳定性更好，工程效果更完美。公司目前已拥有多项具有独立知识产权的发明专利以及实用新型专利，特别底柱表孔型现浇绿化混凝土及制备方法和设备已申请国际专利。

本公司所研究发明的多种型号绿化混凝土从 2004 年开始在上海、浙江、江苏、安徽、山东、福建、广西等二十多个省市得到推广，所涉及的江堤、水库护坡、硬化护坡的改造、排水明渠、高速公路边坡、盐碱地、屋顶花园、黑臭河道的整治等领域的工程，得到所有业主方的认可及水利专家的高度赞赏。2011 年现浇绿化混凝土护坡技术被列入《2011 年度水利先进实用技术重点推广指导目录》，被认定为水利先进实用技术，2012 年荣获中国节能环保产品的称号，并得到上海勘测设计研究院、上海市水利工程设计研究院及杭州、南通等多家水利设计院的大力推广应用。2012 年 4 月在第九届国际水利先进技术推介会上，现浇绿化混凝土技术受到与会中外专家及水利部领导的高度评价。目前公司拟不断创新研究出更为科学合理的产品，加强技术力量，扩展施工队伍来满足不同地区、不同环境及不同气候和土质等工程的施工需要，为党的十八大提出的生态文明、美丽中国作出更大的贡献。

优秀产品推荐

现浇绿化混凝土

1. 产品简介

现浇绿化混凝土新技术的原理是由碎石、水泥、水与特殊元素配伍，并采用特殊的设备制作而成。它的孔隙率高达 25% ～ 35%，其最大抗压强度能在 8n/mm^2 左右，适应根系 3mm 以下的各种草本及水生植物生长，由于它的表面产生分布均匀，均为 ϕ2.5cm、深 6 ～ 10cm 的孔洞，因此在内部能储存一定数量营养土及水分，能使植物生长更为理想。由于其表面产生的孔洞及高孔隙率，使得植草的根系穿透孔隙后扎入土中，使护坡起到一定的锚固作用，使植被得到更充足的养分，根系更加发达，更大程度提高抗冲刷能力。而且草根对绿化混凝土不会产生膨胀破坏作用。该技术的高透气性在很大程度上保持了被保护土与空气间的湿热交换能力。而在自然河堤护坡上使用，能有效防止水土流失和植草被人为踩踏死亡。绿化混凝土底部采用特殊方法而产生分布均匀的小柱子像钉子一样牢牢扎入土中，使护坡更牢固。

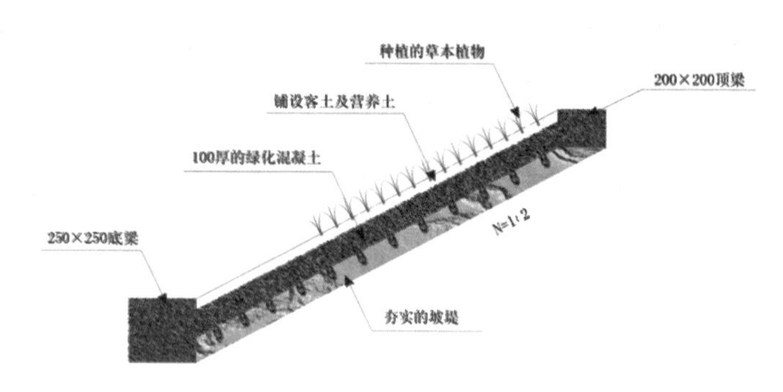

现浇绿化混凝土示意图

2. 产品特点

植草根系在现浇绿化混凝土纵横交错的孔隙里自由穿梭，吸收其中的养分，并通过一定的时间后植草根系将会穿透100mm厚的绿化混凝土，扎入坡堤土壤中吸收土壤中的水分和养分，使得植草生长更茂盛；同时密集的植草根系在穿透绿化混凝土后宛如钢筋网一般扎入坡堤土壤中，使得护坡不会出现开裂、滑坡等现象，并且随着时间的推移越来越稳固。

3. 技术参数

见表1。

表1 技术参数

绿化混凝土类型	LH1型	LH2型	LH3型	LH4型	LH5型
适应范围	适应砂质土壤砂砾土质	适应盐碱地降雨量较小的地区	适应通航河道，黑臭河道治理	适应停车场，高速公路护坡，屋顶花园	适应直立式挡墙
适应植物	高羊茅、狗牙根、黑麦草	高羊茅、狗牙根、百慕大	百慕大、狗牙根、黄昌蒲、千屈菜等	百慕大、狗牙根	高羊茅、白三叶、麦冬草等
抗压强度（N/mm^2）	5	5	4～5	6～8	6～8
孔隙率	25%左右	25%	30%	25%	25%以上
抗冲能力（m/s）	3	4以上	4以上	4以上	4以上
透水系数（cm/s）	1.5～3	1.5～3	2～3.5	1.5～3	2～3
植被覆盖率	90%以上	90%以上	90%以上	90%以上	90%以上
规格（cm）	8	12	10	12	25

上海康桥咸塘江景观河道护坡工程

上海南汇宣六港绿化混凝土工程

单位名称：上海久鼎绿化混凝土有限公司
单位地址：上海市虹口区四平路710号736-p室
联 系 人：李仁
邮政编码：200080
联系电话：13862996368
传　　真：021-33811766
网　　址：http://www.lhhnt.com
E-mail：lhhnt@lhhnt.com

北京亚盟达生态技术有限公司

公司简介

北京亚盟达生态技术有限公司隶属与北京特希达科技集团。公司专注于生态技术的引进、研发和推广；其中透水混凝土路面铺设技术主要应用于绿道系统、停车场及广场等路面铺设，水环境工程护岸生态治理技术体系主要应用于城市河道、水库以及大坝护岸的生态建设。

公司拥有一支专业型、学习型的技术支持团队，拥有包括研发、设计、工程管理、绿化等专业人才。依托集团总部研发中心的技术力量，同时与日本JCK公司研发机构建立了紧密的技术交流体系，从而保证公司所开发及推广的技术始终处于行业内的领先水平。

公司作为国家级高新技术企业，现已拥有10项发明及实用新型专利，作为课题负责人参与多项水环境生态修复方面科技专项课题，并通过质量管理体系认证。

优秀产品推荐

水环境工程护岸生态治理技术

1. 产品简介

通过亚盟达优秀的国际渠道及国内研发机构支撑，现已拥有包括现浇反滤·植生高强生态混凝土护岸技术、边坡化学固土防侵蚀技术、硬质边坡生态恢复技术、反滤混凝土砌块挡墙绿化技术以及透水混凝土路面铺设技术等技术及产品，从而构建亚盟达水环境工程护岸生态治理综合解决方案，可满足不同环境、不同位置的生态护坡要求。

（1）现浇反滤高强生态混凝土护岸技术。将特殊级配的混凝土集料与反滤型生态混凝土专用添加剂进行拌和并现场浇筑，使常水位以下坡面形成反滤型高强生态混凝土护坡结构，从而能够真正满足常水位以下护坡结构的生态治理要求。

（2）现浇植生高强生态混凝土护岸技术。将特殊级配的混凝土集料与植生生态混凝土专用材料进行混合并现浇施工，在满足坡体稳定的前提下，形成适合植物生长的微观环境，植物根系可完全扎入混凝土内形成复合护坡，可用于水位变动区和水上边坡的防护。

（3）灌注型植生卷材护坡及绿化技术。通过在坡面上铺设用特殊材料和方法编织的植生卷材，用锚钉固定后，把种子、特殊有机质资材和特殊发育基础材，从而在各类边坡表面形成长期稳定的植物生长基础层。

（4）反滤生态混凝土挡墙绿化技术。由反滤混凝土预制砌块、连接件、土工格栅、块石以及植物等共同组成的基于加筋土理论的生态挡墙技术，水下砌块内填充块石等形成鱼巢，水上砌块内填充碎石土，利于灌木及藤蔓植物生长，形成特有的水岸生态环境系统，可替代钢筋混凝土、浆砌块石等传统挡墙。

（5）边坡化学固土防侵蚀技术。以土壤胶凝剂（主剂）与水（固化剂）混合，喷涂在需要处理的松散的土壤斜面上，在短时间内即可使土壤表层形成弹性、多孔胶体固结层的技术。

（6）透水混凝土路面铺设技术。指结构上具有一定强度和有效空隙率，道路表面水流直接通过面层结构渗排的一种刚性路面结构。雨量在一定范围内时其排水完全异于重力式排水方式。由于人为在拌料配合比、施工工艺等操作流程上的控制，使成型透水混凝土路面在保证结构强度的要求。

2. 产品特点

（1）现浇反滤高强生态混凝土护岸技术。护坡结构层具多孔性及透水、透气性；护坡结构层透水系数高、孔隙率高、孔隙结构可控（孔隙孔径小、孔隙排布均匀）；实护坡结构层整体透水、整体反滤（无须设置排水管，无须铺设反滤层）；实护坡结构层抗压、抗弯强度及耐久性高。

（2）现浇植生高强生态混凝土护岸技术。护坡结构层具多孔性及透水、透气性；护坡结构层透水系数高、孔隙率高、孔隙可控（孔隙孔径小、孔隙排布均匀）；护坡结构层整体透水（无须设置排水管）；护坡结构层抗压、抗弯强度及耐久性高；护坡结构层混凝土 pH 值可控制在 9 以下；护坡结构层孔隙内可灌注营养性基材；护坡结构层可配合多种绿化植生方式。

（3）灌注型植生卷材护坡及绿化技术。实现永续性、多样性绿化；实现传统河道硬质护坡的生态恢复及景观绿化；实现土质边坡的坡面防护、水土保持及景观绿化；实现水位变动区坡面的保护及绿化；实现道路两侧高陡岩质边坡的坡面防护、生态恢复及景观绿化；实现干旱地区坡面的植生绿化；实现多孔混凝土生态护坡的景观绿化，构建多自然型生态河道。

（4）反滤生态混凝土挡墙绿化技术。柔性结构，整体性好，能适应一定的不均匀沉降；良好的透水不透土的过滤性能和排水能力，大大减少了静水压力；生态效果明显，重建河岸生态系统；施工快速，机械化水平高；墙体美观，层次分明；与传统挡墙相比具有较高的经济性。

（5）边坡化学固土防侵蚀技术。速效性、渗透性、抱水性；抗紫外线性、耐冻胀性、耐侵蚀性、耐水压性；施工性；适用性；经济性；环保性。

（6）透水混凝土路面铺设技术。雨天，透水混凝土路面表面没有积水，道路防滑性能优良，利用锻炼和出行；采用透水混凝土路面，可以减少或者取消道路排水管网的设置，降低道路总体成本；色彩 / 效果丰富，还可以拼接很多图案图形；雨水通过透水混凝土渗透，还原成地下水，增加土壤湿度，恢复土壤微生物的生存环境，生态环保；现场浇筑摊铺，符合低碳施工，800km 内全生命周期要求，是美国 leed 和中国绿标，提倡大量采用的铺装；调节地表问题，减缓热岛效应；减少城市排水管网负担，减缓城市内涝问题；抗冻融性能优良，北方寒冷地区，同样适用。

云南临沧水库护坡工程

四川内江生态护坡工程

青海南川河生态护坡工程

南京内秦淮河生态治理工程

辽宁丹东高速生态护坡工程

山东威海公园绿道系统工程

单位名称：北京亚盟达生态技术有限公司

单位地址：北京市朝阳区安外外馆斜街泰利明苑大厦 A 座 216

联 系 人：李淼　　邮政编码：100011

联系电话：010-85285283　　传　　真：010-85285176

网　　址：www.sthnt.com　　E-mail：Aunion@sthnt.com

上海嘉洁生态科技有限公司

公司简介

上海嘉洁生态科技有限公司成立于2003年，是专业从事河流、湖泊及湿地、海岸、山体、铁路及公路等工程技术领域生态修复的高新技术企业。

公司具有高度的创新能力和成果转化能力，掌握了大量的生态修复核心技术，多项技术获上海市高新技术成果转化认证和水利部技术推广证书。公司是我国绿化混凝土生态修复技术的开拓者和先行者，在国内创造了多项第一。截止到2012年年底，公司在国内25个省（市、自治区）完成各类生态修复工程200多项，应用面积超过300万m^2，包括2008年北京奥运会河道生态防护工程、三峡库区水位变动区的生态防护工程、四川地震灾区重建工程、太湖及巢湖生态水岸工程等国家重点工程。

公司先后获得“中国生态建设杰出贡献企业”、“中国生态修复行业最佳自主创新企业”、“上海市守合同重信用企业”，公司主编的《生态混凝土应用技术规程》已于2012年5月获得建设部批准立项编写，技术规程将于2013年正式发布。

优秀产品推荐

生态混凝土修复系列技术——生态护坡/挡墙/生态礁、水岸生态仿拟

1. 主要性能

生态混凝土由营养型无纺布、生态混凝土、盐碱改良营养材料、绿化种植养护四大部分组成。该技术有以下特点：

（1）从物理结构方面，在混凝土的搅拌控制中采用了特殊工艺控制，为植物生长留存有效孔径，为植物生长提供必要的生存空间。

（2）通过添加专用的盐碱改良营养材料，不仅改变了传统混凝土析出物质的次生盐碱化危害，还可将其物质改造为植物生长所需养料，为植物生长提供必要的养分条件。

（3）高透水性，高生态化，绿化覆盖达百分之百，寿命长，最早施工的工程已达10年时间，至今植物生长良好。

（4）施工方式灵活多变，既可以预制成品运输至现场，也可以现场浇筑。

（5）防护能力强，仅通过绿化混凝土本身即可达到护坡所需强度，并且通过特殊工艺绿化植物可完全穿透混凝土，其锚固能力又大大增强了稳定性。

（6）下部铺设的营养型无纺布既具有普通土工布的反滤作用，防止水土流失，同时又可以为植物长期生长不断提供营养。

（7）植物品种要求低，只要为当地的可种植、野生生长的植物即可，并无特殊要求。

（8）维护成本低，由于提供了植物生长所需的环境，即可如同本地土壤一样，无需或较少需要人工养护，适合河湖岸线长且养护人员相对较少的特殊要求。

2. 技术参数

（1）构件容重：1800kg/m^3（碎石、碎石骨料），1700kg/m^3（砖石骨料）。

（2）抗压强度：P外≥C20，3MPa≤P，内≤8MPa。

（3）饱和冻融循环：（快冻）不少于50次。

（4）有效孔径：25%～30%。

（5）孔隙内填充长效复合营养材料：≥ 8 年。
（6）空隙间水环境下表面 pH 值：7.0 ～ 7.5。
（7）播种密度：20g/m^2。
（8）一次播种绿化年限：≥ 8 年。
（9）绿化覆盖率、成活率：≥ 95%。
（10）植物选择：根据当地适用草种选定。
（11）拔重比：≥ 6（即构件长草生根后被拔起时的拔出力与构件净重之比）。
（12）抗冲流速：≥ 3m/s(12cm 标准构件）。
（13）表面客土：≤ 2cm。
（14）植物根系要求必须穿透生态混凝土。
（15）下部需铺设营养型无纺布（起反滤及提供长效营养双重作用）。

3. 应用领域

主要应用于公路、铁路、水利、航道等领域。

（1）岸坡生态化防护与改造。对岸坡新建防护工程，须采用生态化防护技术，摒弃传统的水工技术方法，具体包括：①连续浇筑型混凝土技术；②生态混凝土挡墙技术、墙式生态石笼技术；③老护坡、老挡墙生态混凝土改造技术。

（2）水岸过渡带生态化防护技术。以人工生态仿石为主要技术方式，人工生态仿石外观酷似自然堆石，但它的多空隙结构可表面生长植物、放置水中可为水生动物及两栖动物提供生存及躲避场所、可为涉水鸟类提供觅食场所。具体包括：①生态防冲毯技术；②水生态仿拟技术。

（3）水域人工生态岛礁——生态礁技术。对于水面宽阔，水域较大的河流湖泊，设置一些人工生态岛礁，既可以增加景观功能又可以促进水体自净，能够形成更加良好的水域生态系统。

安徽巢湖大堤生态护坡

查干湖前置湿地净化入湖水质

上海淀浦河生态挡墙

单位名称：上海嘉洁生态科技有限公司
单位地址：上海市杨浦区国和路 490 号金宏商务大厦 16 楼
联 系 人：姚秋萍　　邮政编码：200433
联系电话：021-69754005、15001819583　　传　　真：021-55783863
网　　址：http://www.jj-eco.cn　　E-mail：yyy555000@126.com

北京万方程科技有限公司

公司简介

北京万方程科技有限公司成立于2004年，是河湖生态保护与修复领域集系统研发、设计咨询、材料销售及施工服务为一体的专业化企业，尤其在生态防渗与生态护坡方面拥有系列高科技产品，系统的解决方案和丰富的实践经验。

万方程集中了几十位国内一流的水利、园林和环保专家，一直坚持“综合治理、系统集成”的河湖治理原则，承接了大量的国家重点工程、百年工程、亮点工程及难点工程中的防渗及护坡工程，完成了一系列的经典工程案例，如奥运龙形水系防渗工程、第七届中国花卉博览会顺义花博园防渗及护岸工程、郑州郑东新区CBD中心湖生态防渗工程和北京凉水河生态护坡工程等，在行业内受到高度认可并得到客户一致好评。公司拥有十余项国内领先的技术专利，并有多项产品通过中国环境标志认证。还与国内多家高校合作，为公司定向培养水生态保护与修复专业人才，并开展科技研发工作。2009年，万方程受水利部相关部门委托，与中国水科院共同主编了生态水利领域第一个行业标准——《河湖生态保护与修复材料及其应用技术规范（生态防渗与生态护坡材料）》。

公司作为中国水利学会水力学专业委员会城市河流学组的发起单位和秘书处单位，为研究和实践新理念、新理论、新技术、新材料做出了积极贡献。公司作为主、承办单位，成功举办了六届“中国城市河湖综合治理研讨会”，并参与了大量的调研考察活动。

优秀产品推荐

一、钠基膨润土防水毯

1. 产品简介

钠基膨润土防水毯是一种新型环保防水材料，它在两层土工合成材料间夹封钠基膨润土，通过集束针刺复合而成。根据工程需要，还可以在防水毯上粘复HDPE膜，形成加强型，以适应高等级防水工程及特殊部位的需要。

北京奥林匹克公园龙形水系防渗工程（2007～2008年）

石家庄滹沱河生态防渗工程（2009年）

2. 产品特点

夹封的膨润土遇水后膨胀能够形成致密的凝胶体，具有良好的防渗性、较强的抗穿刺能力及自愈能力，植物根系的穿透不影响防渗效果，其还具有柔韧性、耐久性、环保性、性价比高的特点。

3. 适用范围

（1）水利工程。水库、大坝、蓄水建筑物、引水河道、灌溉渠道、调节池等。

（2）环境工程。河道整治、湿地、生态园区、矿区修复、荒山绿化、沙漠治理、垃圾填埋场等。

（3）园林景观工程。人工湖、人工水系、人造水景等。

北京亦庄凉水河滨河景观工程（2009 年）

二、土石笼袋材料

1. 产品简介

土石笼袋材料是用具有抗紫外线性能的高强编织土工织物制作的袋体，内衬在格网网箱里，装填土石料，形成格网土石笼墙体，用于河岸或边坡生态防护。

北京永定河莲石湖工程（2010～2011 年）

2. 产品特点

将土石笼袋衬于格网网箱内，因地制宜填充当地土石料，工程造价低。格网土石笼砌筑成的墙体具有透水功能，有利于减小墙后水压力。格网土石笼砌筑成的墙体为柔性结构，整体性好，能适应墙后土体和地基的一定变形，减少地基处理费用。格网土石笼砌筑成的墙体易于绿化。

3. 适用范围

河流、湖泊等堤岸生态护坡，公路、铁路、工民建和矿山的边坡生态防护。

三、护坡工程袋（生态袋）

1. 产品简介

以聚丙烯（PP）为原材料制成的无纺布加工而成的袋子，袋内装土，可生长植物。生态袋用联结扣进行连接，主要用于建造柔性护坡结构。规格一般为宽度 400～550mm，长度为 850～1150mm。

北京金河护坡绿化工程（2009 年）

2. 产品特点

强度高，抗紫外线、抗老化性能好，耐冻性能强，使用寿命长；不降解耐腐蚀，无毒无害，可回收利用；具有良好的透水性和水土保持功能；对植被友善，植物根系可穿透袋体； 可构筑适宜多种植物生长的柔性护坡结构。

3. 适用范围

边坡生态防护、矿山生态修复、河岸生态护坡、屋顶绿化等工程。

内蒙古鄂尔多斯昆都仑川生态治理（2010 年）

单位名称：北京万方程科技有限公司
单位地址：北京市海淀区复兴路甲 1 号中国水利科学研究院万方程科技楼
联 系 人：沈承芬　　邮政编码：100038
联系电话：010-88556225　　传　　真：010-88555719
网　　址：http://www.wanfc.com　　E-mail：wanfangcheng08@163.com

江苏聚慧科技有限公司

公司简介

江苏聚慧科技有限公司以“水”为中心的科技先锋——国家高新技术企业。成立于2000年是一家专业从事水利自动化、水资源利用、水环境保护、生态河道砌块、计算机网络集成、软件开发、智能电器产品生产的企业。与中国水利水电科学研究院、南京水利科学研究院、河海大学经过15年头的产学研合作和专业技术合作研发积累，目前成为相关领域的顶级企业。

公司拥有专利27件，其中发明专利14件；获得江苏省环境污染治理资质证书（甲级）、水利大禹二等奖、无锡市最高综合奖“腾飞奖”、江苏省科学技术二等奖、国家海洋科学技术二等奖、水利部水利先进实用技术推广证书。

公司设立6个研发机构：泥科学研究中心、江苏聚慧科技有限公司张建云院士工作站，江苏省工程技术研究中心、无锡市重点实验室和无锡水生态技术研究院与南京理工大学共同成立创新中心。

公司参加了3个国家“863”计划项目、1个“十二五”水专项、1个江苏省环保科技专项、1个国家海洋局海洋公益性行业科研专项、1个江苏省水利科技专项、1个省成果转化项目。

目前，公司先后完成了十项国家、省、市的科研、示范和重点工程，累计完成淤泥固化工程量达1200万m^3以上，是目前国际处理淤泥能力最强、规模最大的企业之一。

优秀产品推荐

一、淤泥（污泥）固化处理技术与资源化利用

1. 产品简介

固化处理是在淤泥中添加固化材料，利用固化材料和淤泥之间发生的一系列物理、化学作用，降低淤泥含水率，提高淤泥的强度，并使存在于其中的有机物、重金属封闭于土颗粒中，同时固化后的淤泥透水系数很小，使得有害物质很难再次淋滤和溶出而形成二次污染，并且不会发生二次泥化。因此，疏浚淤泥固化处理技术是一种环保型的新技术，适合于大量淤泥处理工程。

固化土用于填方工程、堤防工程、道路工程、绿化用土等建筑用土。

2. 产品特点

（1）可以根据不同淤泥的性质和不同用途的要求，设计不同的技术配方方案，使固化的淤泥满足不同的要求。

（2）固化材料中可以采用部分工业废料，在以废治废方面是一个创新。

（3）将已成为有害垃圾的废弃淤泥经过处理变为有用的资源，符合循环经济的发展要求。

（4）固化技术对环境的影响小，符合可持续发展和保护环境的要求。

3. 典型案例

苏州市城市水环境质量改善综合示范项目（国家“863”计划）、镇江水环境质量改善与生态修复技术及综合示范项目（国家“863”计划）、无锡五里湖湖泊疏浚土固化筑堤示范工程（国家“863”计划）、广州南沙河口淤泥固化筑堤示范工程、无锡仙蠡桥淤泥固化示范工程、长广溪淤泥固化工程、无锡管社山淤泥固化工程、贡湖生态清淤淤泥固化工程、太湖竺山湖省淤泥固化示范工程、梅梁湖淤泥固化工程、桃花山污泥处置中心、锡东新城河道整治工程、无锡市市民中心堆山工程、深圳盐

田港淤泥固化中试工程。

淤泥固化现场

长广溪淤泥固化回填区建设太湖新城科教产业园

新一代无堆场疏浚淤泥固化一体化设备

二、城市洪水雨涝与水环境监控调度、风险预警决策支持系统和相关产品技术

目前公司与南京水利科学研究院、中国水利水电科学研究院、河海大学等科研院所产学研合作，建设国内领先的“城市洪水雨涝与水环境监控调度、风险预警决策支持系统”，被无锡国家传感网创新示范区建设 10 个物联网重点应用示范项目之一。

城市雨涝风险监控调度风险预警决策支持系统的功能是为城市综合应急管理提供一套完整的、综合性的城市雨涝风险监控与调度的一体化解决方案。

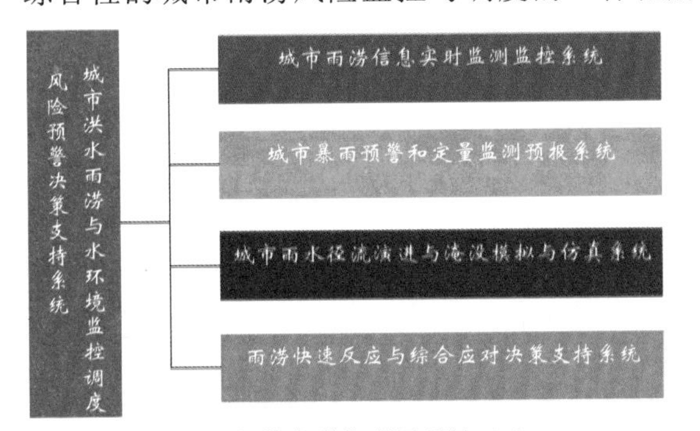

惠山区智慧水利物联网项目（1）

惠山区智慧水利物联网项目（2）

三、水利自动化、信息化相关产品和技术

自公司成立以来已承接了几十个水情遥测、大坝监测、闸门控制、防洪决策等水利自动化工程，建设了首都地区较早的全自动水质监测站。

Skystar Advantage

聚慧数传仪

移动式防汛决策指挥系统

单位名称：江苏聚慧科技有限公司
单位地址：江苏省无锡市锡山区东亭南路 37 号
联 系 人：佘大刚
邮政编码：214101
联系电话：0510-66030897
传　　真：0510-88205129
网　　址：http://www.ju-hui.net
E-mail：sdger199983@126.com

厦门四信通信科技有限公司

公司简介

厦门四信通信科技有限公司，系中国物联网无线通信领域骨干企业，全国领先的山洪灾害预警产品与解决方案提供商，是一家以浓厚的“诚信、信任、信心、信仰”价值观色彩覆盖产品、服务和管理活动的高新技术企业、软件企业。

公司专注于物联网行业应用产品、工业领域高端无线通信传输设备的研发、生产、推广和服务。产品线包括：山洪灾害预警广播设备、遥测终端机、LED无线发布系统、LED控制卡、电梯监控系统、工业级无线Modem、无线IP Modem（DTU），无线路由器、无线RTU、无线GPS终端、ZigBee终端等。

公司具有较强的研发实力，研发人员占公司总员工比例达60%以上，骨干研发人员在业内具有10年以上的研发经验，全国第一台工业级3G路由器在四信诞生，工业级4G路由器为业界首发，多款产品获国家发明专利。长期以来，四信通信紧贴物联网行业发展的脉搏，做行业发展的推动者；自主创新，做完全知识产权的实践者；深入物联网行业应用，为客户提供领先、专业的产品与服务；逐步形成了以产品为基础，为各行业客户提供系统解决方案的专业化经营特色，全面协助客户实现“智慧、标准、安全、可靠”的应用目标。

经过多年发展，四信通过了ISO9001、FCC、CE、SGS等质量认证，建立了以厦门总部为核心、北京、上海、武汉分公司为据点，辐射新加坡、西班牙、南非等20几个国家和地区的销售服务网络，产品广泛应用于金融、电力、水利、环保、气象、税控等领域，公司业务持续健康、稳定、快速增长。

未来，四信通信将继续秉持诚信、专业、创新理念，以海纳百川的智慧与勇气，脚踏实地，做实现物联网梦想的参与者、践行者、推动者，努力创新技术、创新产品、创新质量、创新营销，与各界伙伴携手直面挑战，铸造生态产业链，推动行业发展，共赢物联网未来。

优秀产品推荐

F9103系列无线预警广播设备（F9103S主站设备、F9103C从站设备、F9103D单站设备）

1.产品简介

F9103系列无线预警广播设备基于2G/2.5G/3G/4G公用网络及调频网络，为用户提供多功能无线预警广播服务。

该产品系列包含F9103S（主站设备）、F9103C（从站设备）和F9103D（单站设备）。主站设备和从站设备通过调频网络配套使用，组成一个完善的预警广播网络。三个系列产品均可单独使用，独立完成预警广播功能。

该产品系列可广泛应用于水利、气象、地质灾害等的防治工程，也适用于学校、广场等公共场所的广播应用。

2.产品特点

（1）具有GPRS/CDMA/3G/4G公用网络（电话、短信）和调频网络备份传输功能解决现场偏远、多山，GPRS/CDMA/3G/4G信号不稳定的问题，满足传输可靠性需求。

（2）调频发射机发射功率可选。满足现场调频发射端和接收端距离不定，环境复杂多变等不同距离和环境的需求。

（3）中继功能。调频发射具有中继功能，以满足部分地区主从站距离过远或多障碍的环境。

（4）AC220V和蓄电池备份供电、具备自动切换和充放电管理功能。解决现场容易断电的问题

（5）防雷设计。包括 AC220V 电源防雷，天线防雷和喇叭线防雷（可选）等，满足抗雷击应用需求。

（6）具备太阳能 / 风能供电功能（可选）。解决某些现场取电困难的问题。

（7）高保真功放。音质强劲有力、清晰透亮，指向性强，传播面宽，满足障碍物多或农村村子大的环境。

（8）环境适应性强。工业级可靠性设计、耐高 / 低温。不受地形地貌的影响，只要有 GPRS/CDMA/3G/4G 网络，即可远程控制，每天可 24h 不间断的连续运行。

（9）维护方便。支持远程配置和远程升级，可选 GPS 功能，便于预警地点定位及管理。

（10）低功耗。多级休眠和唤醒模式，最大限度降低功耗，待机功耗不大于 1W，工作功耗不大于 4W。

（11）易使用。智能型终端，上电即可进入工作状态。

（12）不掉线。完备的防掉线机制，保证终端永远在线。

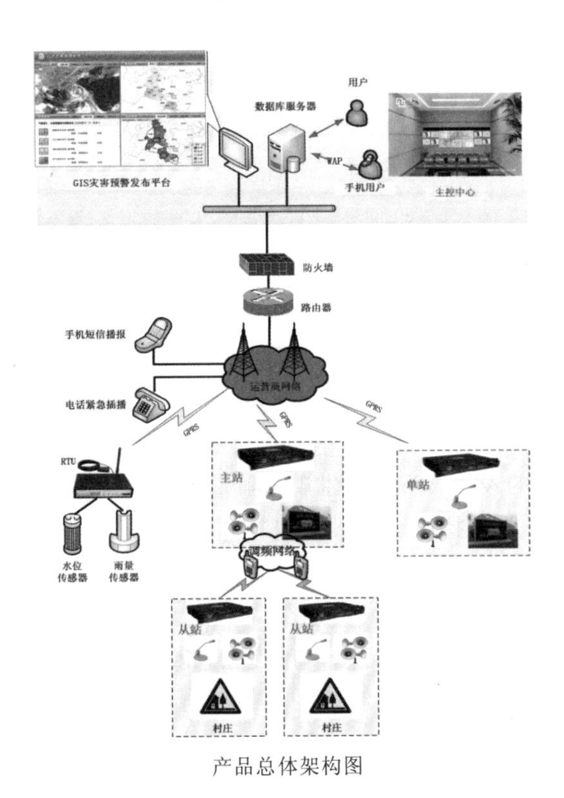

产品总体架构图

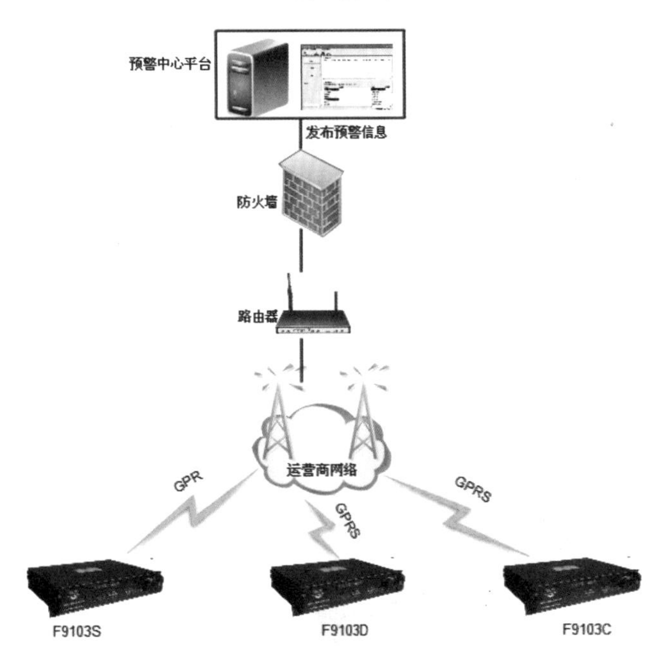

GPRS/CDMA/3G/4G 组网方式

单位名称：厦门四信通信科技有限公司
单位地址：福建省厦门市软件园观日路 44 号 3 楼 J1-J3 区
联 系 人：游桂红　　邮政编码：361008
联系电话：0592-5907279　　传　　真：0592-5912735
网　　址：http://www.four-faith.com　　E-mail：market01@four-faith.com

四川晨光信息自动化工程有限公司

公司简介

四川晨光信息自动化工程有限公司是从事“数字水利”研究与应用的专业化公司。致力于长期为客户提供SCCG品牌的“数字水利”软硬件产品及其系统集成服务。公司的业务范围包括：江河水库的水文自动测报系统、灌区水情监测计量及其调度管理系统、江河流域的洪水预报及其防汛指挥调度系统。

公司于2002年9月通过ISO 9001-2000国际质量管理体系认证；于2003年3月获得国家信息产业部颁发计算机信息系统集成资质。公司的质量方针是：技术领先、科学管理、坚持标准、规范程序，严格以国家标准和现行行业技术规范为准则，持续规范和改进企业的经营活动，健全企业产品标准，为客户提供满意的优质产品和服务。

优秀产品推荐

一、遥测终端机（RTU）

1.产品简介

SCCG-YDY-1型遥测终端机是四川晨光信息自动化工程有限公司自主研发的数据采集通信产品，综合了计算机软硬件技术和通信技术的最新成果，广泛用于水利水电行业的自动测报系统，具有水位、雨量数据自动采集、长期固态存贮、多中心数据传输等功能。

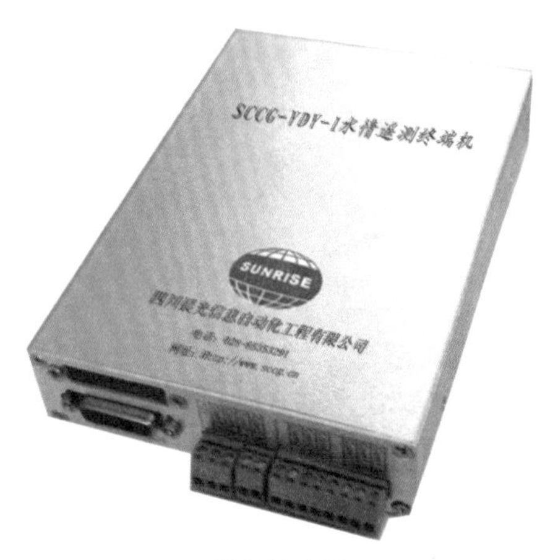

遥测终端机

SCCG-YDY-1型遥测终端机提供丰富的传感器、通信设备接入功能。通过合适的设置，可接入翻斗式雨量计、水位计（格雷码、RS485、模拟量），支持的通信设备包括超短波数传电台、GSM（SMS\GPRS）MODEM、PSTN MODEM等。

SCCG-YDY-1型遥测终端机与传感器、通信设备、直流电源一起构成完整的遥测站，它具有自报、自报-确认、应答三种数据通信方式，多个遥测站通过无线或有线的通信信道与中心站计算机通信，向中心站计算机上报数据和接收中心站计算机下发的工作参数或召测命令，构成完整的自动测报系统。

2.技术参数

（1）输入信号类型：RS485，4～20mA，格雷码水位，脉冲，SDI-12。

（2）蓄电池电压测量误差：≤0.1V。

（3）时钟误差：≤1s/d。

（4）数据存储容量：4M可扩展。

（5）外形尺寸：180mm（长）×120mm（宽）×34mm（高）。

（6）产品执行标准：Q/72539230-4.2-2009。

二、基于GIS的山洪灾害监测预警系统软件

基于GIS的山洪灾害监测预警系统的基础系统为采集与传输系统、信息汇集平台、计算机网络

系统等。

采集与传输系统负责将各遥测站的数据采集并传输到中心站。

信息汇集平台通过网络系统或通信信道将不同系统的水情、雨情、气象等信息汇集到本系统的信息平台，并存入标准数据库，为基于 GIS 的山洪灾害监测预警系统提供基础数据。

计算机网络系统应包括局域网和广域网设计等部分，涉及监控中心、分中心和有关业务部门的计算机网络，以及与其上级行政主管部门和当地政府计算机网络的互联等。

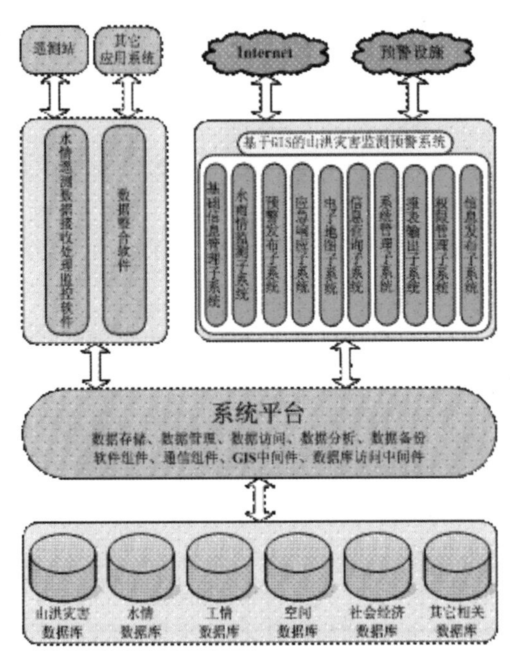

系统平台流程图

三、水情遥测数据接收处理监控软件

本软件可通过 PSTN、GSM、北斗卫星接收来自各遥测站 RTU 的自报信息，通过计算机网络接收来自省水情中心的 GSM 水情短信文本文件；通过 PSTN 或 GSM 进行参数设置或参数召测；通过 PSTN 进行 RTU 校时；通过 PSTN 或 GSM 进行实时数据召测；通过 PSTN 进行历史数据召测；可通过卫星对本地计算机进行校时，以保证本地计算机系统时钟的正确；对接收到的信息进行解码，入库实时雨水情数据库；并对通过接收到的实时数据判断各遥测站时钟的状态；提供实时监视界面，实时显示各测站的运行情况，对运行异常的情况提供报警功能。

四、基于 GIS 平台的防汛抗旱指挥系统软件

支持各层显示属性的设置；支持图形的缩小、放大、开窗、漫游、导航等功能；通过计算机网络接收并存储辖区县气象站及省、市气象站实时传送的本辖区及其流域上游相邻市县的天气预报信息，并在电子地图上基于空间位置显示、浏览；根据防汛预案的规定及辖区天气预报信息和各监测站的水雨旱工情信息对辖区主要江河水库制定并下达周运行调度方案，修订并下达日运行调度方案，并在电子地图上基于空间位置显示、浏览、决策支持功能。

五、中小河流洪水预报系统软件

采用水利部颁布的“实时雨水情数据库表结构与标识符标准（SL 323—2005）”等相关标准和四川省水文行业的四川省水文技术标准及规定（SCSW 008—2008）水文测报系统技术规约和协议，满足中小河流洪水预报系统建设的需求。中小河流洪水预报系统分为遥测数据接收处理、遥测系统监控管理和洪水预报几部分。遥测数据接收处理作为后台功能主要负责遥测站数据接收与控制命令的发送，遥测系统监控管理为系统管理人员提供遥测系统监视与控制管理功能，洪水预报根据实测的数据结合基础数据，对降水量进行预报，对河道水情进行预报。

单位名称：四川晨光信息自动化工程有限公司
单位地址：四川省成都市人南立交东南侧航空路 7 号华尔兹广场
联 系 人：王勤　　邮政编码：610041
联系电话：028-85353291　　传　　真：028-85353267
网　　址：http://www.sccg.cn　　E-mail：281102181@qq.com

福建四创软件有限公司

公司简介

四创软件致力于中国防灾减灾事业，为政府提供防灾减灾信息化全面解决方案；为产业提供防灾减灾信息与应用租赁服务；为社会公众提供防灾减灾信息预警服务。

自2001年1月19日成立以来，四创软件始终坚持“三位换一位”的经营理念和“术业有专攻”的发展战略，成功打造出“防灾减灾信息与应用服务”第一品牌，截止到2012年年底。

在防汛水利领域——防汛指挥系统、山洪灾害预警系统、洪水风险管理系统、水资源信息管理系统、水利工程建设与运行管理系统、水土保持信息管理系统等产品，已广泛应用于水利部4个流域委、16个省、1000多个市县防汛指挥部、水利厅局、水利工程管理单位，产品覆盖率全国最高。

海洋渔业领域——海洋防灾减灾辅助决策系统（风暴潮、赤潮、海上突发事故等）、海洋渔业安全保障服务系统、海域动态监管系统、海洋资源环境信息管理系统、海洋经济运行监测与评估系统等产品分别在国家海洋局、3个分局、4个中心机构以及各沿海省市海洋部门得到广泛应用。

气象国土领域——台风信息管理平台、气象预报人机交互平台、气象灾害公众服务平台、国土地质灾害监测与风险评估系统等成为国家及10几个省市气象国土专业部门的工具性平台，为产业和社会公众提供灾害预测预报与预警服务。

移动互联网领域——防汛通、海洋通、环保通、气象通、国土通、渔业通、水政通、水库通、地震通等移动应用产品覆盖九大领域，行业终端用户量达数万人。

防灾减灾公益事业——台风110、知灾害网是全国首创的防灾减灾公益平台，成为我国第一个专注于防灾信息与经验交流互动的网络社区。

理想决定高度，责任成就企业！四创软件胸怀远大理想，恪守对客户、员工、股东与社会的承诺，以信息服务民生，以应用创造价值，全力推进中国防灾减灾事业的发展，并以此为自己的社会使命与责任。

优秀产品推荐

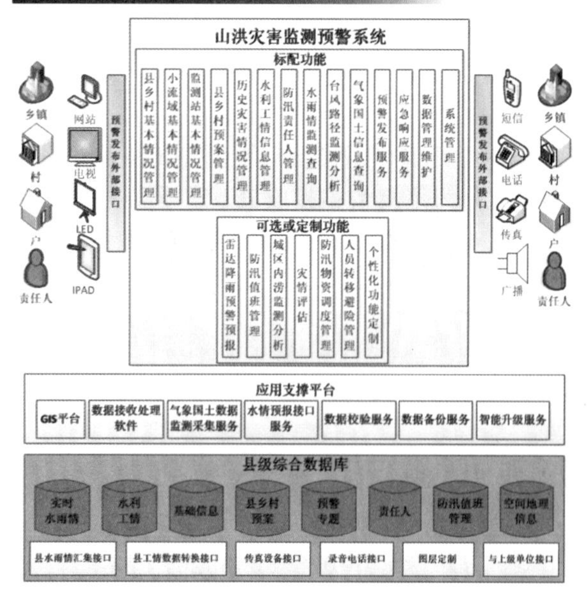

山洪灾害监测预警系统

一、四创山洪灾害监测预警系统

1. 产品简介

“四创山洪灾害监测预警系统”是研究县、乡镇、村三级防汛组织指挥与工作、社会防汛和全民防汛防台的范围、规律、机制和重点内容，通过计算机网络等信息化技术，开发集成防汛基础信息、责任人、日常工作、预警发布、业务管理、基层防汛、发布宣传等的工作平台，并配套应用软件运行的硬件设施和安全管理系统，是一套集水雨情监测、气象信息采集、资质灾害点监测、地质灾害预警、应急管理、危险评估、灾害信息发布等功能于一体的山洪灾害防治领域的综合性系统。

2. 技术参数

（1）基础信息 GIS 综合查询：实时水雨情、云图雷达、县乡村信息、预警发布。

（2）地图操作功能：放大缩小、测距、漫游。

（3）基础信息查询：行政信息，小流域信息，监测站信息，工情基础信息，灾情信息。

（4）实时数据维护：雨情数据、河道数据、水库数据。

（5）气象信息服务：卫星云图、天气预报、气象雷达。

（6）预警发布服务：预警列表、内部预警、外部预警、预警反馈、预警指标与记录查询、预警指标与人员维护。

（7）应急响应服务：响应流程、响应措施、响应反馈。

（8）统计报表：雨情报表、水情报表。

（9）系统管理：日志管理、权限和用户管理。

（10）数据上报：预警信息上报、响应信息上报、响应反馈信息上报、灾情信息上报、基础数据上报。

（11）可靠性：系统能不间断的稳定运行，运行中出错后不需人工干预即可恢复。

（12）易用性：操作简单，容易理解。

3. 应用领域

项目产品技术性能优越，可广泛应用于水利、防汛等行业，实现防汛工作数字化监测预警管理，提升防汛指挥调度工作精细度与机动性，为提前预见山洪，做到监测、通信及预警为一体，全方位，多层次，立体式预警，高效、快速服务社会，为实现有效减少或避免山洪灾害导致的人员伤亡和财产损失提供重要支持。

二、多功能智能遥测终端机

1. 产品简介

本产品是集水文测报、远程视频监控、预警信息发布等多功能于一体的多功能智能型遥测终端产品，可用于测定江河湖库等各个站点的降雨量、水位、风速、风向、流量、电压、墒情、盐度、温度等信息及其变化情况，并把测定的数据进行纠错、编码、存储，通过 VHF/GSM/GPRS 通信方式将数据传输给指定的中心。

多功能智能遥测终端机

2. 技术参数

（1）外部脉冲 / 频率接口：4 个。

（2）并行数据输入：24 位。

（3）模数转换接口：6 通道。

（4）可控 IO 口：多个。

（5）RS232 口：3 个。

（6）RS485 口：1 个。

（7）可控 12V 电源输出：4 个。

（8）雨量信号：开关量 / 脉冲。

（9）水位信号：485 总线 / 格雷码接口。

（10）VHF 传输速率：300 ～ 1200bps。

（11）GPRS 传输速率：2400 ～ 19200bps。

（12）温度：－10 ～ 45℃。

（13）相对湿度：≤ 95%（40℃时）。

（14）工作电压：DC+10 ～ +15V。

（15）值守电流：≤ 20mA（12V 时，GPRS 不在线，不含电台）。

（16）值守电流：≤ 45mA（12V 时，GPRS 在线，不含电台）。

（17）全速工作电流：≤ 75mA（12V 时，GPRS 在线，不含电台）。

（18）发数工作电流：≤ 140mA（12V 时，GPRS 发送数据，不含电台）。

（19）平均无故障工作时间：≥ 16000h。

（20）使用寿命：≥ 10 年。

3. 应用领域

本产品面向水利、气象、防汛减灾行业，可广泛应用于水库安全动态监控、山洪灾害非工程建设、大坝安监、水雨情站点建设等水利工程项目。

三、四创防汛指挥决策支持系统

1. 产品简介

“四创防汛指挥决策支持系统”是一个基于自主平台研发的行业应用软件，它是根据防汛指挥部对防汛会商工作需要，对与防汛有关的各种数据进行结构化处理，整合完备历史数据和实时数据，然后以各种防汛预案为主线，建立一个科学合理的指挥决策模型，运用智能体技术（AGENT），对防汛事件进行人机会商，为指挥人员提供辅助决策的平台系统。

防汛挥决策支持系统主要提供给防汛办工作的平台，该平台包含了：①实时数据的查询系统，即实时水情信息查询系统、实时雨情信息查询系统、防汛工情信息系统、卫星云图实时查询系统和台风路径及风情实时查询系统；②汛情信息警报系统，对雨情、水情、风情、台风路径及自写警报等信息进行短信通知，同时根据适当要求结合其他子系统的一些相关数据作出更加具体、严密的警报；③防汛指挥管理系统，主要处理防汛办日常工作，包括办公事务管理（如电子公告、报表、明传电报、数据统计等）、调度方案及预案管理、防汛抗旱物资队伍管理。

2. 应用领域

四创防汛指挥决策支持系统的主要应用领域在于防汛指挥工作中，如行洪道清障，制订度汛措施，洪水预报、警报，防汛抢险，防洪调度，善后工作等。

防汛综合信息产品可以为防汛指挥部门领导及防汛业务人员提供气象、水雨情、工情、灾情、自然地理概况、社会经济、防抗预案、抢险物资和队伍、防汛抗旱组织和指挥机构、防汛值班管理、防汛调度信息、历史资料等各类综合信息。为防汛工作提供丰富的实时信息传递，实现及时的汛情通告、优化的调度指挥、高效的防汛管理、强大的指挥决策支持。同时有效整合现有的防汛水利信息资源，避免资源浪费、重复开发。在集成现有的防汛水利系统的基础上，根据防汛工作实际需要，建设省、市、县三级联动的防汛综合指挥平台，帮助指挥决策调度、发布预警信息、及时进行人员转移，有效减轻汛期灾害中的人员伤亡和经济损失。

四、四创雷达预警系统

1. 产品简介

本产品涉及多普勒天气雷达信息应用领域，是一种基于 GIS 的雷达预警方法和乡镇暴雨预警装置。通过对气象部门发布的气象雷达图的智能采集，可自动提取气象雷达图像回波值，并结合辖区电子地图统计分析当前区域上空回波信息，具有对短历时降雨定点、定性、定量的预警作用。

2. 技术参数

（1）GIS雷达图的产生途径：将雷达图回波信息矢量化，与GIS地理信息结合产生。

（2）雷达回波数据的来源：由Internet网下载、并解析雷达回波原始图。

（3）估算降雨量的目标对象：乡镇估测最大雨强。

（4）暴雨检出率：90%以上。

（5）报警功能：雨强≥16mm/h时发布乡镇暴雨预警。

（6）地物回波的鉴别率：98%以上。

（7）估算雨量的展示功能：提供乡镇等雨强面图、雨量统计报表和详细信息功能。

五、四创地典地理信息平台

1. 产品简介

四创地典地理信息平台是由福建四创软件有限公司开发的，具有完全自主知识产权的地理信息系统软件系统平台。地典地理信息平台从水利、防汛、水文、海洋、气象等专业化行业应用角度出发，针对防灾减灾行业的专业业务需求，经过不断的技术创新和深入的行业应用拓展，已成为水利、防汛、水文、海洋、气象等行业广泛应用的专业型GIS平台。

地典地理信息平台采用B/S应用架构模式进行建设，该模式具有易开发、易安装、易维护、易使用等诸多显著优势，是当前最为流行的应用架构方式。在GIS应用架构方面，以B/S应用架构模式的WebGIS，也早已成为GIS应用的主流。

2. 应用领域

地典地理信息平台应用领域涉及水利、防汛、水文、海洋、气象、国土、电力、环保、林业等行业，可广泛应用于山洪灾害非工程建设、地质灾害管理、环境监测等项目中。相比其他地理信息系统，地典地理信息平台提供了更专业、更符合业务需求、更优化的地理信息服务。

六、四创水利工程安全动态监管平台软件

1. 产品简介

四创水利工程安全动态监管平台软件是利用先进的自动监测与远程遥测技术、通信及计算机网络技术、地理信息技术，将水库的防洪调度、大坝安全管理、视频监视和信息管理等系统集于一体化的数字集成平台，实现和完善以工情、雨情、水情监测设施为基础、通信系统为保障、计算机网络系统为依托、综合信息管理系统为核心的水利工程安全动态监管。

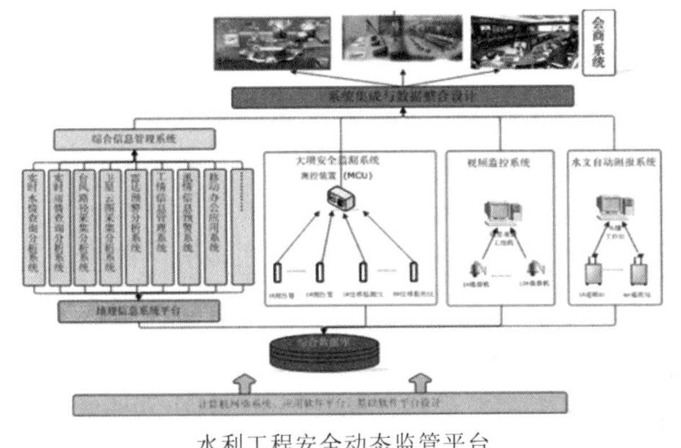

水利工程安全动态监管平台

系统采用分层分布的网络结构方式进行组网，主要包括水文自动测报系统、流量自动监测系统、大坝安全监测系统、视频监控系统、综合信息管理系统、通信及计算机网络系统和多媒体会商系统等。各系统既能独立运行，又能相互通信、交换信息联合运行，而且能在控制中心实施对各系统管理、调度、监测。

2. 应用领域

四创水利工程安全动态监管平台软件主要应用于水利工程建设，尤其是水库的动态安全监管。

我国水利工程类别多、数量大、分布广，尤其是那些关系到下游人民群众生命财产安全的小型

水库和山围塘，大部分没有专门管理机构，没有专职管理人员，管理落实。同时，大部分省市还没有建立一个完整的涵盖全省市水利工程的数据总集，不利于各级领导及时、准确、便捷地了解水利工程状况，给水利工程的安全监管工作带来诸多不便。为此，我司研发此产品，旨在完善水利工程数据，加强水利工程动态安全监管，实现信息采集自动化、信息传输网络化、信息处理标准化、防汛调度科学化、水利工程管理规范化，基本实现数字信息化管理，从而有效改善水利工程管理中非工程措施薄弱的现状，充分发挥水利工程防洪减灾的社会经济效益。

七、四创水资源监管平台

1. 产品简介

该系统是在水务信息化基础设施的基础上，建设的以水资源管理业务为重点，覆盖全市水资源管理机构，形成以水资源监测、水资源业务管理、决策支持、公共信息发布为核心的水资源信息化管理系统，是支撑水资源管理体系的工作业务平台和决策支持工具。

2. 应用领域

四创水资源监管平台可广泛应用于防汛、水利工程、国土、环保等多个领域。在水资源综合规划的基础上，以计算机网络系统为依托，充分利用数据分析模型、GIS、遥感、GPS、远程监控、通信等信息化技术手段，推进区域水资源的合理开发、优化配置、高效利用、全面节约、有效保护和科学管理，实现水资源与经济社会和环境协调发展，为区域经济社会可持续发展提供水安全保障。

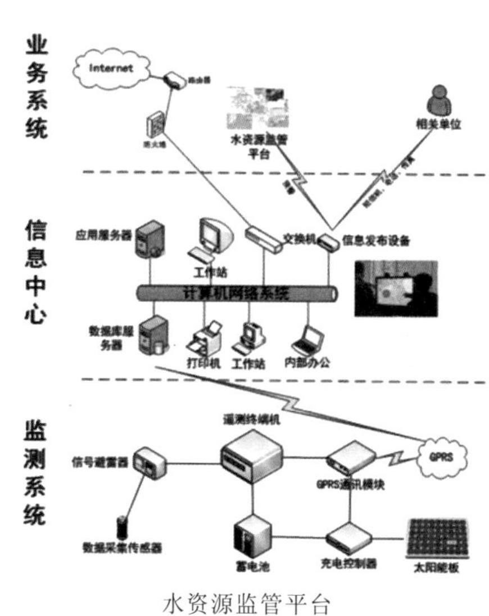

水资源监管平台

八、四创台风实时采集分析系统

1. 产品简介

“台风实时采集分析系统”是一套台风自动采集预警指挥系统，该系统综合应用网上数据智能匹配算法、台风相似分析的算法、台风业务警报的服务等关键技术实现了台风信息的实效性传输，能快速、准确地提供实时台风数据信息，分析台风的未来动向，并能针对台风所能影响的范围，进行主动实时预警，为抗台指挥工作提供有力的辅助支持。同时，将台风信息及预警信息实时向社会公众发布，保证社会公众也和各级领导一样及时准确地掌握台风动向，对于预防及减少台风灾害将起到十分重要的作用。

2. 技术参数

（1）能够通过此系统建立台风数据库，并对台风进行实时监测与分析；

（2）网上数据自动搜索匹配算法能够适应当前主要的台风数据发布网站，并可进行灵活配置，具有一定的扩展性；匹配算法针对一个的网站数据分析应少于5s；

（3）多种业务的整合与分析需有效利用现有的资源，即国家规定的水文表结构数据；

（4）数据的频繁更新不会导致系统性能有明显下降，从而确保系统的正常使用；

（5）软件同步更新需保证软件的可用性，当更新失败时需自动进行上一版本的载入，并且可向下兼容；

（6）台风警报服务的内容定制、生成、发送都应严格控制，确保台风警报内容发送无重复；

（7）台风相似分析算法应在所有台风都参与计算的情况下应少于10s；

（8）系统在双 CPU2.4GHZ、内存 2GB、网络带宽为 100M 的服务器上，可同时容纳 50 个以上用户；

（9）在上述配置条件下，台风信息的查询响应少于 2s；

（10）在上述配置条件下，系统处理台风分析所需要的时间在 15s 之内。

九、四创海洋防灾预警决策支持系统

1. 产品简介

四创海洋防灾预警决策支持系统是针对地区的特殊性，以海洋气象、基础工程、历史资料等数据为基础，依托风暴潮经验预报模型、风暴潮数值预报模型、漫堤（滩）模型、三维仿真、视频监控以及计算机和网络等先进技术，建立对风暴潮、海浪、赤潮、海上突发事件和应急预案的高效统一的辅助决策支持服务，实现对海洋防灾减灾的高效信息化辅助决策支持和管理。

系统主要分为数据汇集平台、综合数据库、应用支撑平台以及应用系统四个层次。

2. 应用领域

海洋防灾预警决策支持系统可应用于海洋防灾工程建设、确定致灾范围、灾后灾情确认、农业发展、国土综合治理等方面，显著改善海洋防灾减灾信息获取及处理，为预警辅助决策提供全面、及时、准确的信息支撑和全面综合的信息服务，为决策者提供更先进、更可靠、更快捷的防灾减灾辅助决策工具，使海洋防灾减灾的决策工作更加有效率。

十、四创多源异构数据汇集与共享分布平台软件

1. 产品简介

数据管理与共享平台是在已建的数据源单一采集系统基础上，完成前台数据的集中采集、集中存储和可定制的数据同步分发服务。同时，还可通过全面的监控服务，保证过程环节的实时记录分析，通过在后台部署相应的值守管理程序实现数据统一配置管理、集中调用和数据维护，在保证项目最终先进、完整的同时，保障建设过程中的过渡性、风险系数。

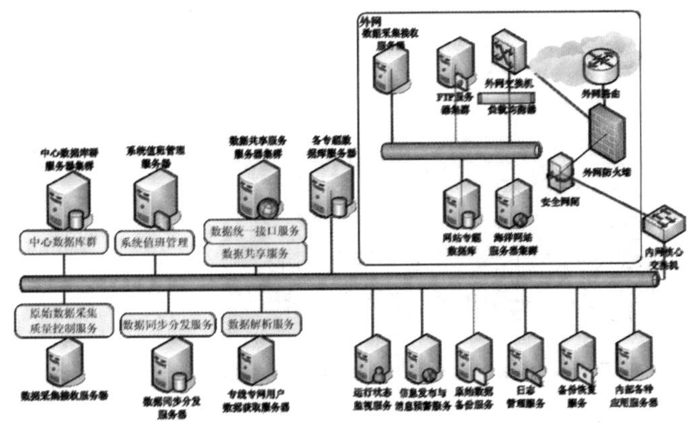

数据汇集与共享分布平台软件

2. 应用领域

数据管理与共享平台可实现数据的集中采集、集中存储和同步分发，是支撑应用系统的重要基础，可广泛应用于防汛、水利、气象、海洋等多个领域。同时，通过与业务应用系统的结合，可大大提升业务应用系统的管理效率，实现真正的数字化管理。

单位名称：福建四创软件有限公司
单位地址：福州市闽侯县上街镇科技东路福州高新区“海西高新技术产业园”创业大厦 10 层
联 系 人：杨家燕　　　　邮政编码：350002
联系电话：0591-22857179　　　　传　　真：0591-22857802
网　　址：http://www.strongsoft.net　　　　E-mail：yjy@strongsoft.net

西安博兴自动化科技有限公司

公司简介

西安博兴自动化科技有限公司，位于西安市高新技术产业开发区创业研发园，注册资金1200万元。是以西安交通大学、西安理工大学为技术依托，按照现代企业制度建立的自动化领域的高新技术企业，是以研发生产水利水电系统自动化软、硬件产品为主的知识密集型高新技术企业。是长期致力于国家水利行业信息化系统集成服务的专业服务供应商。

我们企业的社会责任是，通过水利信息化项目建设，以信息化手段提高水利部门工作效率和管理水平，与水利部门一起努力，促进中国水利由传统水利向现代水利转变。我们企业的愿景是，长期致力于国家水利行业信息化系统集成服务，未来发展成为中国最具服务价值、最具创新活力的水利系统集成服务商。

公司研发生产的自动化信息化系统主要应用在水利系统的水库、泵站、水电站、灌溉渠道、防汛水情测报、城镇供水及水资源监控等水利设施生产工作的过程控制。提供从数据采集，通信传输，到集中监测控制调度等整套信息化解决方案和技术服务。通过产品项目的应用可以提高水利生产能效，节约水资源，降低成本，延长生产设备使用寿命，减轻劳动强度，实现智能化、集约化管理。

优秀产品推荐

水库综合信息管理系统

一、水库综合信息管理系统

该系统功能模块如下：

（1）对库区枢纽的大坝安全信息监测模块。

（2）对库区枢纽的水情信息监测模块。

（3）对库区枢纽的闸门控制信息监测模块。

（4）对库区枢纽的电站信息监测模块。

（5）对库区枢纽的水资源信息监测及调度模块。

水电站综合自动化系统

二、水电站综合自动化系统

该系统特点如下：

（1）系统的设计规范和基本条件遵循IEEE和IEC等有关国际标准，符合国家标准和部颁标准。

（2）采用分层分布式结构，运用自动控制技术、现场总线及网络技术，所有单元直接连在网络上，层次清晰，可靠性高，扩展性强。

（3）现地控制单元采用可编程计算机控制器（PLC），功能强大，抗干扰性能强，使得整个系统可靠性及稳定性得到大大提高，组态灵活且维修方便。

（4）各单元相对独立，任一单元故障不影响其他单元运行。

（5）系统扩展性强。整个系统通过网络连接，各单元根据需要可灵活配置。

三、城乡供水计算机监控

该系统功能应用如下：

（1）城市自来水公司净水厂生产自动化系统。
（2）农村供水工程远程自动化监控系统。
（3）供水管网监控系统。

水厂计算机监控

水质自动化在线监测

水厂自动化 LCU

灌区信息化遥测站

单位名称：西安博兴自动化科技有限公司
单位地址：陕西省西安市高新技术开发区锦业路创业研发园 B203
联 系 人：徐洋　　邮政编码：710075
联系电话：029-88346051　　传　　真：029-88346051-808
网　　址：http://www.xaboxing.com　　E-mail：439214935@qq.com

安恒环境科技（北京）股份有限公司

公司简介

安恒环境科技（北京）股份有限公司是水务领域著名的水质分析监测和水质管理专家企业。安恒公司立足于水质管理核心业务，以科学管理和核心应用技术项目落地为目标，致力于水质监测管理系统。集团从 2000 年进入水务市场，就专注于水质问题，专业于水质监测，致力于为客户提供创新的水质管理解决方案，提出多项首创的先进水质资源管理理念，安恒是水质资源行业领域稳定、可靠、值得信赖的品牌。

安恒集团把水质资源利用问题，通过水质管理系统的建设实施运营，转化成为一个商业问题来解决。安恒的水质管理系统正是要提供以水环境、用水质量标准为基础的表征，是任何管理、技术、工艺实施后的水质表征和变化值衡量标准，这是在国际坐标上，以全球环境问题为背景，有中国特色的原创需求。创新的商业模式，打开了空间尺度，开创了商务的大格局，这是一个企业无与伦比的社会价值的体现。安恒将承担历史赋予的责任，拥有承担风险，不断创新，努力为客户、社会创造更大的价值。

优秀产品推荐

水环境监测管理综合信息管理系统

1. 产品简介

水环境监测规范信息管理系统是定位于水质分析实验室，以水质监测的样品管理为核心，通过先进的计算机网络技术、数据库技术和标准化的实验室管理思想，将实验室的人员、环境、业务流程、质量控制、仪器设备、标物标液、化学试剂、标准方法、水质分析报告、数据智能查询分析、图书资料、文件记录、科研管理、项目管理等因素有机结合起来，组成一个科学、全面、开放、规范的综合管理体系。

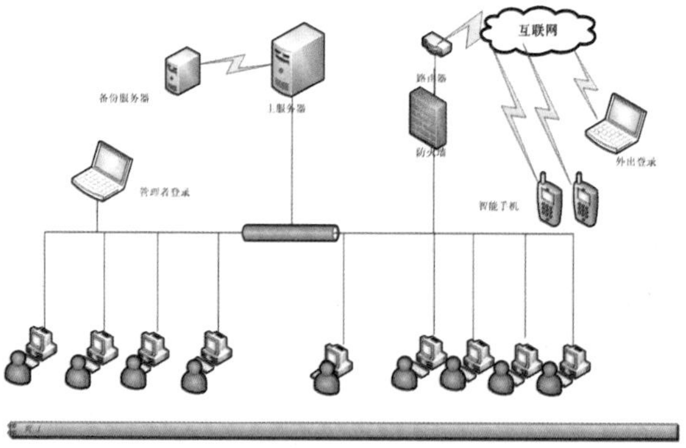

水环境监测管理综合信息管理系统

2. 产品特点

（1）实用性。系统具有实用性，符合业务工作开展、管理的实际需要，并适应不断变化的工作、业务、管理需求，通过信息化来实现对标准管理流程的固化及不断优化。

（2）先进性。采用国际先进的技术路线和体系结构。具有先进的技术水平，有较高的性能，符合当今技术发展的方向。遵循业界规范，尽可能地延长系统的有效生命周期，保护用户在信息化方面的投入，发挥投资的最大效益。

（3）可靠性。系统采用成熟可靠的技术和体系结构，能够确保各项工作正常运转，不会因错误的操作或其他原因导致数据错误或系统失败，特别是保证数据库的存储和备份安全可靠。

（4）易操作性。应用界面友好、易操作。具有统一美观的界面、详尽方便的帮助、智能化的提示功能。

（5）开放性。系统的设计和建设必须具有开放性，应充分考虑网络、硬件的扩展，必须能跨平台运行。

（6）可扩展性。要加强系统设计的前瞻性、预留系统扩充和扩展能力，在不影响正常工作的情况下，进行系统的平滑升级。

（7）安全性。系统采用安全性高的Linux操作系统，提供严密的身份验证、访问控制、电子签名、SSL加密等多层次的保密手段等措施，确保系统和数据的安全性和完整性，确保整个系统的安全运行。

（8）一致性。对数据库的数据进行修改，在全网中应保持一致性。故障恢复时，应保证原有的数据不丢失。

3.系统结构

系统采用Linux+Apache+Mysql+PHP来构建系统运行环境，这是一组常用来搭建动态网站或者服务器的开源软件，本身都是各自独立的程序，共同组成了一个强大的Web应用程序平台。LAMP运行环境具有高可靠性、高安全性、高可扩展性的特点。

整个系统结构简单，易于实现，对网络环境和硬件配置要求较低，无须重复进行系统构建，避免了浪费和重负建设。

系统结构：B/S结构

操作系统：Linux的操作系统，采用GUN官方推荐的标准Debian for mips，系统版本号为debian5

数据库：Mysql，采用SUN官方的最新版本

开发语言：PHP 5.3

网络协议：采用HTTPS协议，HTTPS协议是由SSL+HTTP协议构建的可进行加密传输、身份认证的网络协议

单位名称：安恒环境科技（北京）股份有限公司
单位地址：北京市海淀区首体南路9号主语国际商务中心4座802室
联 系 人：尹小云　　邮政编码：100048
联系电话：010-88018877　　传　　真：010-88018288
网　　址：http://www.watertest.com.cn　　E-mail：yinxiaoyun@anheng.com.cn

聚光科技（杭州）股份有限公司

公司简介

聚光科技（杭州）股份有限公司是由归国留学人员创办的高新技术企业，2002年1月注册成立于浙江省杭州市国家高新技术产业开发区，注册资金4.45亿元人民币，2011年4月15日在深交所上市，股票代码300203。现有员工1600余人，80%以上人员拥有本科以上学历。公司业务涵盖仪器设备研发与生产、软件开发、系统集成及销售。聚光以一流的检测、信息化软件技术及产品为核心，为水利水务、环境保护、工业过程、安全等多个行业提供先进的检测、信息化和运维服务综合解决方案。通过多年的发展，聚光科技已经成为优秀的仪表设备制造商、信息化软件提供商、系统集成服务商和运营服务商，能够实现硬件、软件、系统的无缝融合，满足客户需求，为客户提供定制化的产品与服务。

公司办公大楼

优秀产品推荐

水利水务智慧化综合解决方案

1. 产品简介

聚光科技水利水务业务涵盖水资源、防汛抗旱、中小河流、地下水、灌区、城乡水务、城市排水与内涝等领域。公司拥有齐全的智能化水文水质仪表、出色的软件开发能力、强大的系统集成能力及周全的售后服务能力，同时公司与多所高校及研究所合作，将水文预报与调度模型、水动力模型、纳污模型、地下水模型等与应用相结合，提供水文水质监测、水利水务信息化、水利水务决策支撑、规划咨询及运营服务一体化的智慧化水利水务综合解决方案，助推中国水利水务现代化进程。

2. 产品特点

感知智能化：借助新一代无线网络、物联网、智能传感器等先进技术，对水位、雨量、流量、水质、工情、视频监控等进行全方位实时监测与智能展示，智能判断传感器的运行状况、运行环境，对数据进行有效性判别。

水利水务智慧化综合解决方案

业务智慧化：对采集的数据进行深度挖掘，并利用内嵌的水文学模型、水动力学模型、排水模型、管网模型进行智能分析，为应急预案、智能调度、预测预报、灾情评估、应急指挥的精细化管理、科学化决策提供支撑；业务系统实现智能导航、业务功能智能关联，操作人性化、智能化。

管理一体化：基于统一的开发框架，为水务部门构建一体化管理大平台，通过数据共享、数据挖掘、智能关联分析、云计算与云存储和可扩展的信息服务管理框架，实现城市内涝、防汛抗旱、水资源、地下水、农村饮水安全、灌区、中小河流、城乡水务一体化等多个业务领域的关联管理。

系统集成化：针对不同工况要求设计的系统方案，无缝集成不同原厂家的产品；软件平台实现基于服务的建模、装配、动态更改和驱动，实现现有模块与扩展模块权限、数据、应用的统一管理，满足客户多样性数据接入、全方位不断扩展的业务管理需要。

信息发布自动化：系统可根据预警预报发布的命令，利用位置服务和现代化的通信手段自动对预警区域内的手机、户外大屏、户内广告屏、广播和防汛发布设施等进行预警信息发布，同时将预警信息发送给消防、武警、社区、防汛责任单位等相关人员。

水利水务智慧化综合解决方案

水文产品代表

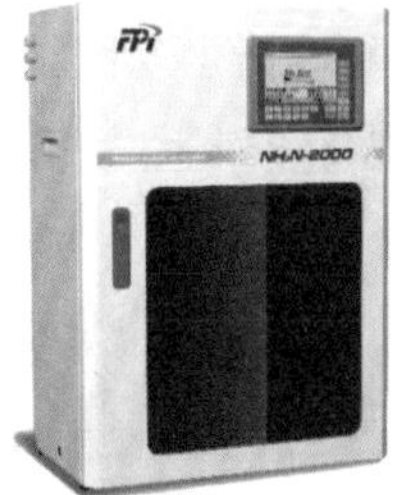

水质产品代表

实验室产品代表

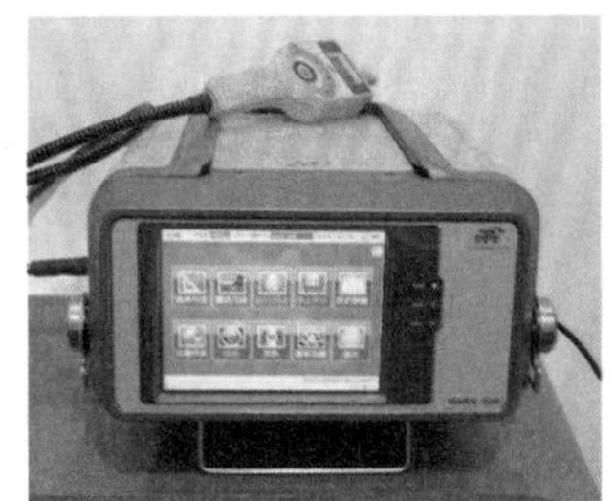

便携产品代表

单位名称：聚光科技（杭州）股份有限公司
单位地址：浙江省杭州市滨江区滨安路760号
联 系 人：王明琼　　邮政编码：310052
联系电话：0571-85012188-1506　　传　　真：0571-85012188-1018
网　　址：http://www.fpi-inc.com　　E-mail：mingqiong_wang@fpi-inc.com

成都交大光芒科技股份有限公司

公司简介

公司全貌

成都交大光芒科技股份有限公司由中国工程院院士钱清泉创立于1998年，是由四川省投资集团、西南交通大学共同投资组建，注册资本3000万元的高新技术企业和软件企业。公司是“国家轨道交通自动化与电气化工程技术研究中心”的产业基地，具备计算机系统集成、安防工程、建筑智能化工程等相关资质，主要从事电气自动化及相关监控产品的设计、软件、硬件开发、生产、施工及服务；政府信息化项目的系统集成、安全技术防范工程设计与施工。

公司依托西南交通大学强大的科研实力，多年来承担了许多国家及省、部级重点工程项目，产品覆盖电气化铁路牵引供电调度管理自动化、电力配电综合自动化、城市轨道交通、高速公路、市政设施、楼宇监控、政府信息化、水利、卫生、安防工程等领域，多次受到国家、省、部级嘉奖，并被授予成都市优秀高新技术企业，纳税大户，AAA企业称号，为我国工业企业现代化，特别是铁路现代化作出了很大的贡献。

公司是一个知识化、年轻化，团结创新、充满活力的团体。中国工程院院士钱清泉担任公司技术顾问，公司其多数管理、技术人员具备高级职称。

公司地处成都市高新开发区天府软件园，拥有软、硬件开发、办公场地2300m^2，在国家西部信息安全产业园（南区）拥有生产测试基地2300多m^2。公司研发平台和研发设备先进齐备，拥有多种类型的小型计算机和微型计算机开发系统、不同类型的电路板测试系统、DSP开发平台、仿真实验平台、保护测试系统等，另外公司还建立了型式实验室、轨道交通卓越中心实验室等。公司生产设备先进可靠，并具有定点配套加工厂，这些加工厂具有当今最先进的数控剪切机、数控折弯机、数控卷板机、数控车床、激光切割机、波峰焊生产线、多层印刷电路板制造生产线等生产设备。

公司迅速将成熟的科研成果进行工程化开发，形成系列化拳头产品进入市场，以此发展高科技产品，推动科技成果向现实生产力转化。公司主导产品铁路牵引供电自动化系统，轨道交通综合自动化系统、配电综合自动化系统多次在国内外公开招标中中标，并直接应用于多项国家重点工程，装备电气化铁路20000多km。GM系列微机远动系统装置铁路市场占有率达到75%，国内主要电气化铁路干线均采用我公司生产的电力调度管理自动化系统。为提高铁路运输效率和安全生产水平发挥了重要作用。公司凭借雄厚的技术力量，不断开拓新的发展领域，现已稳步进入水利、中小河流、气象等政府信息化领域。

公司推行全面质量管理，按照ISO9001：2008建立了完备的质量管理体系，按照ISO2000建立了服务管理体系，我们秉承“以质量求生存、以服务求信誉、以创新求发展，以管理求效益、争创世界一流”的质量方针，我们以先进的技术、优良的质量、完善的服务为广大用户提供优质的产品，热情、高效、周到的服务。

优秀产品推荐

一、GM.YDJ-1系列水文遥测终端机

1.产品简介

抗干扰能力强，抗浪涌干扰达到GB/T 13729—2002之3.7.3之4级标准，有效地抗击雷击感应造成的浪涌干扰。

可靠性高，电路设计可靠，全部采用工业级器件，适应高低温工作环境要求，外部接口采用光电隔离。

高防护等级，机箱防尘防水等级达到IP67，适合野外工作。

水文遥测终端机

2.技术参数

（1）太阳能供电，电池电压DC12V。

（2）静态值守电流小于1mA/12V。

（3）具备三种工作模式：自报式、查询应答式、兼容式。

（4）数据存储容量：2G。

（5）接口丰富，具备开关量输入、模拟量输入、控制输出等接口，多达4个串行通信接口用于通信和采集数据。

二、GM-WRMS水资源管理软件

1.产品简介

GM-WRMS水资源管理软件依据国家水利“十二五”发展规划，按照《省（自治区、直辖市）水资源管理系统建设基本技术要求》、SL 380—2007等技术规格要求，以严格水资源管理制度、加强水源保护和水质监测、严格取水许可审批管理、加强用水计划管理、积极推进水价改革为指导思想，以取水许可管理、入河排污设置管理、水资源费征收、水政监察业务为核心，实时采集的水质、流量、电量数据采集为辅助，实现水务管理向科学化、精细化、电子化的转变。

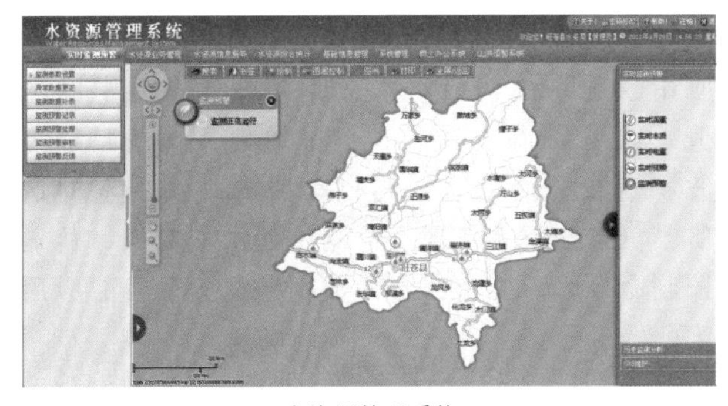

水资源管理系统

2.产品特点

（1）监测数据与业务数据整合。

（2）专网专线无纸化办公。

（3）重要文书、报表的生成打印。

（4）向导式表单填写。

（5）以企业为核心的业务信息整合。

三、GM-MTMS山洪灾害监测预警软件

1.产品简介

GM-MTMS山洪灾害监测预警软件严格按照国家在《全国山洪灾害防治规划》中提出的要求，结合《山洪灾害防御预案编制大纲》、《山洪灾害监测预警系统设计方案指导书》和《全国山洪灾害监测预警系统建设技术要求》中的指导方案，

山洪灾害防治及防汛预警系统

严格按照水利部门的政策法规和相应的国家技术标准，参考“十二五”水利发展规划进行开发和建设的。为山洪灾害的监测数据处理、山洪灾害监测、山洪灾害预警和应急响应提供支持。

2. 产品特点

（1）可视化监测的及时性。基于WebGIS技术条件下的监测站水雨情监视，可直接在地图上直观查看对应地区的实时水雨情监测信息。

（2）预警响应的智能性。基于WebGIS技术条件下的智能预警，预警按规划标准分类，分别在地图上以不同的形式展现。预警后提供智能化响应处理，可直接启动应急预案，进入应急响应处理流程。

（3）历史资料查询的决策分析性。系统提供多种的查询分析模式，如单站雨量（水位）统计、多站雨量（水位）统计、专题统计、历史灾情统计分析等，为防治和评估灾情提供决策辅助。

（4）数据共享的协同性。数据联通，可实现跨部门数据共享，实现多级组织机构和多部门联动，实现防治处理工作的协同性。

（5）知识产权的自主性。本平台软硬件的主要部件的均为自主研发，方便在此基础上做进一步扩展和二次开发。

四、GM-HRMS水雨情遥测接收处理软件

1. 产品简介

GM-HRMS水雨情遥测接收处理软件应与山洪预警软件和水资源管理软件协同使用，作为后台应用管理系统与自动水文监测站接口的中间环节。通过GPRS、短信、卫星通信、短波、超短波和有线等通信方式与自动监测站实现双向通信。负责接收系统每个监测站的水文数据、传送控制命令等，并将采集的数据发送到后台的应用服务器。

水雨情遥测接收处理软件

2. 产品特点

（1）可靠的网络通信。支持以太网和RS 232、RS 485接口，确保数据通信可靠。

（2）实时性强。由于数据通信具有实时在线特点，系统时延小，无需轮巡就可以同步接收、处理大量监测站的数据。可很好地满足系统对数据采集和传输实时性的要求。

（3）数据存储管理容量大。在GPRS网络或卫星通信的覆盖范围之内，都可以完成对监测站的控制和管理，而且扩容接近无限制，能满足山区、乡镇和跨地区的接入需求。

工程实例

本公司主要有如下工程案例：

（1）凉山州冕宁县山洪灾害监测预警系统。

（2）凉山州会东县山洪灾害监测预警系统。

（3）凉山州宁南县山洪灾害监测预警系统。

（4）凉山州盐源县山洪灾害监测预警系统。

（5）凉山州越西县山洪灾害监测预警系统。

（6）攀枝花市东区山洪灾害监测预警系统。

（7）攀枝花市西区山洪灾害监测预警系统。

（8）旺苍水务局。

集成测试室

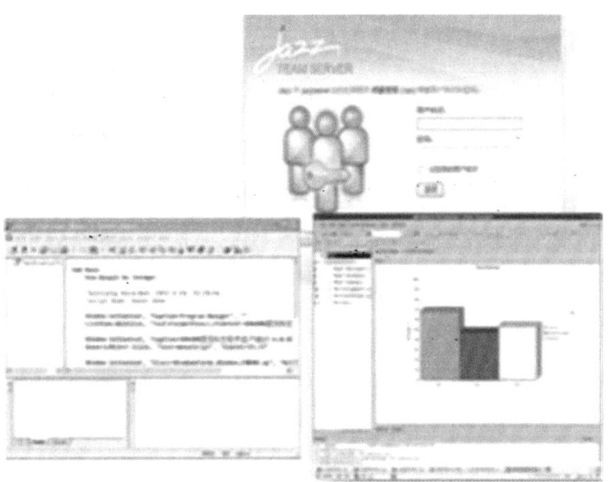

IBM专业软件测试平台

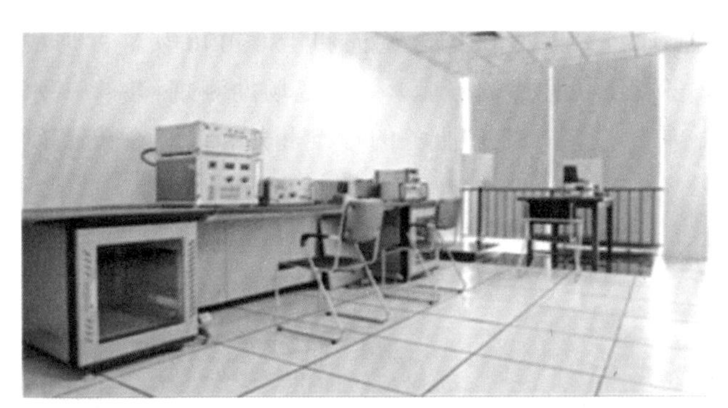

型式试验室

环境测试室

单位名称：成都交大光芒科技股份有限公司
单位地址：四川省成都市高新区天府大道中段801号天府软件园
联 系 人：张强　　　　邮政编码：610041
联系电话：028-66874498　　　　传　　真：028-66879259
网　　址：http://www.cdjdgm.com　　　　E-mail：qiang.zhang@cdjdgm.com

深圳市科皓信息技术有限公司

公司简介

深圳市科皓信息技术有限公司（以下简称“科皓公司”）成立于2001年6月，注册资金2000万元，致力于安全生产及应急指挥信息化、水利自动化监测监控领域的产品研发与销售，是“国家级高新技术企业”、“深圳市重点软件企业”，公司获得了国家工业与信息化部颁发的“计算机信息系统集成贰级资质”、“跨地区电信增值业务许可证”，通过了“ISO9001质量管理体系认证”、“软件成熟度模型CMMI3级国际认证”。

科皓公司总部位于深圳市高新技术产业园内，在北京、西安、南昌、南京、重庆、沈阳、大庆、天津等地设有分公司或办事处。公司现有员工100多人，90%以上拥有本科以上学历。公司在北京设立了安全技术研究中心，在深圳设立了研发中心，每年将销售收入的20%以上用于产品研发与创新，拥有多项国内领先的自主研发核心技术。

水利自动化监测监控领域，公司始终将自主创新作为公司的核心战略，相继推出了中型水库自动化监测预警系统、小型水库自动化监测预警系统、砂石采运管理系统、山洪灾害监测预警系统、中小河流水文监测系统等解决方案，自主研发了WTU-300型RTU、WTU-101型无线采集器、BTU-100采砂监控终端、高清工业数码相机、KH.WQX-1气泡水位计等硬件产品，以及设备控制箱、监控一体化机柜、一体化杆等集成产品。可提供中小型水库自动化监测、中小河流水文监测、采砂船监管、水资源管理、山洪灾害预警等领域的综合解决方案，已成为水利信息化和水位传感器领域的主流厂商之一。

公司采用全生命周期的IPD集成产品开发模式；通过CMMI3级国际认证和ISO9000认证，形成了《集成化项目管理》、《决策分析和解决方案》、多种《元件检验规范》、《现场勘测规程》、《水库现场标准化施工指导》等在内的28个过程管理、质量控制、维护服务的标准和规范，确保产品研发、生产、实施和服务质量。

优秀产品推荐

一、WTU-300型遥测终端机

1.产品简介

科皓WTU-300型遥测终端机是一款具有数据采集、存储和传输功能的RTU产品，符合《水文自动测报系统设备 遥测终端机》（SL/T 180—1996）和《水文自动测报系统技术规范》（SL 61—2003）的行业标准要求。

可实时采集雨量、水位、图片、渗流、水质、流量等数据，并能通过2G、3G、ADSL、卫星终端机和超短波数传电台将数据同时发往多个监测管理中心。WTU-300还支持使用SD卡海量存储实时采集数据，连续存储时间可达五年以上。

遥测终端机

2.技术参数

（1）具有开关量、模拟量和数字量接口，支持连接各种类型的传感器，最多可接入256路传感器。

（2）具有自报式、查询应答式和兼容式数据通信模式，并具有测试模式。

（3）具有串口相机接入功能，最多可接入7台相机。

（4）具有 LCD 显示器和操作键盘，支持人工置数功能。
（5）具有网络检测、电源检测和异常报警功能。
（6）支持多中心，可实现“一包多投”功能。
（7）支持主 / 备通信通道功能。
（8）支持独立双通信通道功能，可直接连接本地服务器。
（9）支持现场和远程升级。
（10）支持自动和手动对时。
（11）支持 8GB 容量 SD 卡，可作为海量数据存储器使用，也可用于程序升级。
（12）内置太阳能充电控制器，可对外部蓄电池实现三段式智能充电。
（13）宽电压设计，具有反接保护和短路保护功能。
（14）所有输入输出端口采用抗雷击设计，可省缺外置防雷保护模块。
（15）可内置 433MHz 无线收发模块，支持本地无线组网功能。
（16）可内置 14 位格雷码输入模块。
（17）电源电压：10 ～ 30V DC。
（18）工作电流：＜ 6.5mA （12V 供电时）。
（19）模拟量输入：2 路（4 ～ 20mA）。
（20）模拟量采集精度：0.1%F.S.。
（21）RF 工作频率：433MHz（可视传输距离为 3km）。
（22）工作温度：－ 20 ～ 65℃。
（23）环境湿度：＜ 95%。
（24）储存温度：－ 40 ～ 80℃。

3. 应用领域

中小型水库水雨工情监测、山洪灾害监测预警、中小河流水文监测、城市排水泵站监控、尾矿库安全监测。

二、KH.WQX-1 型气泡式水位计

1. 产品简介

KH.WQX-1 型气泡式水位计是由科皓公司自主研发与生产的高精度水位传感器。它由活塞泵产生的压缩空气流经测量管和气泡室，进入被测的水体中，测量管中的静压力与气泡室上的水位高度成正比。KH.WQX-1 型气泡式水位计先后测定大气压和气泡压力，取两个信号之间的差值，计算出气泡室上面的水位高度。KH.WQX-1 型气泡式水位计具有高精度、高可靠、高智能、免气瓶、免测井、免维护、抗振动、寿命长的特点。

气泡式水位计

2. 技术参数

（1）非接触式测量，精度高、稳定性好、维护方便。
（2）安装便捷，无需建测井，且不受水面漂浮物的影响。
（3）具有零点自动校正功能，可完全消除零点漂移误差。
（4）通过外接温度传感器，可有效补偿液体比重受温度变化的影响。
（5）具有模拟输出和数字通信接口，方便用户使用。
（6）宽电压设计，具有反接保护、过压过流保护和雷击浪涌吸收能力。

（7）配置 LCD 显示屏和输入键盘，直观显示即时水位，操作灵活。

（8）自动清洗功能，确保导气管畅通。

（9）循环存储 1 万条测量记录。

（10）采用 Modbus 通信协议，方便与各种数据采集设备对接。

（11）电源电压：10 ～ 30VDC。

（12）待机电流：≤ 3.5mA。

（13）平均电流：≤ 10mA（测量间隔 1min，RS-485 或 SDI-12 输出）。

（14）量程：20m/30m/40m/50m/60m 可选。

（15）分辨率：1mm。

（16）测量精度：±0.03% F.S.。

（17）长期稳定性：≤ ±0.1% F.S./年。

（18）最大水位变化率：1m/min。

（19）测量间隔：1 ～ 60min 可设置，默认 1min。

（20）通信接口：RS 485 或 SDI-12。

（21）模拟量输出：4 ～ 20mA。

（22）测量管规格：内 φ3/ 外 φ8。

（23）温度传感器：NTC 103 （选配件）。

（24）测量介质：水（江、河、湖泊、地下水等），特殊液体可定制。

（25）工作温度：－ 20 ～ 65℃。

（26）储存温度：－ 40 ～ 80℃。

（27）环境湿度：＜ 95%。

3. 应用领域

适用于流动水体、大中小河流、水库或者水体污染严重和腐蚀性强的工业废水等不便建测井或建井昂贵的场合，如：水利水文、大坝上下游、海洋、地下水、石油、化工、污水处理厂、城市排水泵站等监测。

三、一杆式水雨情监测站

1. 产品简介

一杆式水雨情监测站，指将雨量计、水位计、数码相机、遥测终端机、传输设备、防雷器、太阳能充电控制器、太阳能电池板和蓄电池等全部设备安装在一根由镀锌钢管制成的立柱上，实时采集雨量、水位、图片等监测数据，并能通过 2G、3G、ADSL、卫星终端机和超短波数传电台将数据同时发往多个监测管理中心。

一杆式水雨情监测站

2. 产品特点

（1）便捷性。无需提前到每个工程现场作实地考察、勘探和预埋地基，现场安装简单方便，工程施工进度可达到每天完成 1 ～ 2 座监测站。

（2）可靠性。所有设备在出厂前已完成安装调试，终端箱内采用母板结构，现场各种传感器的安装采用航空插头与母板插接，无需现场接线，充分保证工程质量。

（3）经济性。统一设计，集中组装，标准化实施，大幅提升工程人员的工作效率与实施成本。

（4）美观性。优化主体立杆和各设备的安装布局，隐藏全部引线，真正体现一杆式和一体化的设计理念，彰显专业本色。

3. 应用领域

中小型水库、山洪预警、中小河流监测等应用领域。

四、水库自动化监测预警系统软件 V3.0

1. 产品简介

科皓水库自动化监测预警系统是一套针对小型水库特点设计的整体解决方案。可广泛应用于各级防汛抗旱管理、水资源管理及工程管理等部门。

小型水库具备点多分散、位置偏僻、交通不便、环境恶劣、供电无保障、网络信号不稳定、无人值守或少人值守、基层财政紧张、管理人员计算机水平参差不齐、各级管理部门需求多样化等特点，这些情况要求系统必须具备应用简单、适应能力强、可靠性高、安装维护方便、运行成本低等特点。

本系统结合各级水库管理工作者的需求进行了针对性设计，能够实现小型水库实时水雨工情信息监测及预警、大坝安全监测、视频监控、水库基本信息管理、水库安全管理、移动访问等功能，该系统在数据采集、现场组网、室外防雷、野外供电、远程传输、软件易用性、管理部署方式、远程维护等方面均做了独特设置，使水库管理单位和人员能够方便地了解水库管理及运行安全情况，为基层单位实现无人值班、少人值守提供技术保障，为预防安全事故、防汛抗洪救灾提供了一个有效的手段，为水库管理与运行调度提供准确的信息，为各级水利防汛部门和领导科学决策提供依据，提高水库工程管理的效率和质量。

2. 产品特点

本产品具有直观易用、集成数据，集中展示、总揽全局、自动巡查、分级报警、声光报警、移动终端监控、远程运维监管、开放平台、高可用平台、自由访问等特点。

工程实例

（1）江西小型水库自动化检测预警系统。

（2）江西上饶县水库动态监控系统。

（3）江西兴国县水库动态监控系统。

（4）江西水利采挖沙、运沙检测遥测设备。

（5）重庆涪陵区中型水库水雨工情检测设施建设。

（6）重庆涪陵区小（2）型水库水雨工情监测设施建设。

（7）重庆铜梁县石梁等8座水库水雨工情监测设施建设合同。

（8）重庆大足区小（2）型骑龙水库水雨工情监测设施建设。

（9）广东东莞市虎门港三防办水雨情信息管理系统。

（10）广东省中山市政府采购项目横窝口等4座水库水文遥测系统工程。

（11）广西山洪灾害防治县级监测系统。

单位名称：深圳市科皓信息技术有限公司
单位地址：广东省深圳市南山区朗山路16号华瀚创新园D402
联 系 人：胡晨　　邮政编码：518057
联系电话：0755-26995161　　传　　真：0755-26995090
网　　址：http://www.kehaoinfo.com　　E-mail：kehao@kehaoinfo.com

武汉联宇技术股份有限公司

公司简介

联宇公司成立于2003年4月，是在武汉东湖高新技术开发区注册的一家高新技术企业，注册资金3000万元，共计员工人数300人，2012年产值近1亿元人民币。

主营业务为：灌区、水库、闸门监控、泵站、水电站、堤防、山洪灾害防治、防汛抗旱、中小河流治理和水资源优化调度等信息化系统集成及相关软、硬件的研发、生产和销售；水环境、水土保持、水厂、污水处理、城市排水、监测系统的系统软件及系统集成。

联宇秉承“顾客满意、追求更好、求精求实、联宇创新”的企业精神，推动公司的发展壮大。2006年至今，公司的业务量每年以 115% 以上的速度增长，接连中标行业大单，市场份额不断扩大，在华中地区市场已处于领先地位，业务覆盖多达全国十多个省市。为了更好地开拓国内市场，联宇技术股份有限公司先后成立了内蒙古分公司、甘肃分公司、吉林分公司、黑龙江分公司，并已经启动内蒙古、广东、广西、湖南、甘肃、黑龙江、青海、吉林、新疆、宁夏、河南、陕西市场。随着业务量的增长，联宇售后服务网络也不断完善和加强。

2013年7月，联宇在全国中小企业股份转让系统成功挂牌上市。

优秀产品推荐

一、UTECH · YDJ-2 通用型智能遥测终端机

1. 产品简介

UTECH · YDJ-2型遥测终端机可以通过GPRS移动通信网及卫星通信等通信组网方式，实现高效可靠的数据传输，完成数据采集、处理、存储以及传输等任务，并可实现系统的远程管理。它具有操作简单，易管理维护等优点。

UTECH · YDJ-2型遥测终端机是为满足水文遥测多通信信道、大容量数据存储的要求而设计的新型遥测终端。

遥测终端机

2. 技术参数

（1）输入电压：12V DC。

（2）值守电流：＜8mA。

（3）工作电流（不含信道机）：＜80mA。

（4）工作温度：－10～55℃。

（5）工作湿度：＜95%。

（6）平均无故障时间：MTBF＞100000h。

（7）通信口：4个RS-232C口，2个RS-485口。

（8）开关量输入：16路。

（9）模拟输入：2路单通道。

（10）数字输入：1路。

（11）数字输出：7路OC。

（12）电源输出：1路12V DC。

二、UTECH · WCT-1 高精度图像识别水位计

1. 产品简介

UTECH • WCT-1 智能水位计的工作是基于一套智能水位识别系统的，该系统前端子系统由独立的视频采集系统完成。该系统通过独立的视频采集设备采集水尺图像信息，并通过无线 3G 网络发送到后台数据处理子系统，后台系统从视频信息中取出水尺的照片信息，通过识别照片信息来读取水位数据。

2. 技术参数

（1）工作环境条件。

①环境温度：0 ～ 65℃；

②相对湿度：不大于 90%。

（2）额定电气参数。

①工作电源：AC 220V ± 10%，50Hz 或 DC 12V；

②绝缘电阻：机壳与交流电源线之间的绝缘电阻不小于 1MΩ。

（3）网络参数。

①网络接口：10M/100M 网络，3G 网络。

②网络协议：TCP/IP、HTTP、DHCP、DNS、RTP/RTCP、PPPoE（FTP、SMTP、NTP、SNMP 可添加）。

③安全模式：可通过 IE 浏览器和客户端软件用授权的用户名和密码访问。

（4）测量参数。

①误差范围：－ 5 ～ 5mm。

②重复性误差：小于水位计准确度的 0.5 倍。

③再现性误差：小于水位计准确度的 2 倍。

④测量范围：0 ～ 20m（此项根据情况调整）。

⑤测量距离：20m。

三、UTECH · JDZ-1 型一体化雨量站

1. 产品简介

UTECH • JDZ-1 一体化雨量站装置可以通过 GPRS 移动通信网及卫星通信等通信组网方式，实现高效可靠的数据传输，完成数据采集、处理、存储以及传输等任务，并可实现系统的远程管理。它具有操作简单，易管理维护等优点。

UTECH • JDZ-1 一体化雨量站装置是为满足水文遥测多通信信道、大容量数据存储的要求而设计的新型遥测终端。

2. 技术参数

（1）输入电压：12V DC。

（2）值守电流：＜ 8mA。

（3）工作电流（不含信道机）：＜ 50mA。

（4）工作温度：－ 10 ～ 55℃。

（5）工作湿度：＜ 95%。

（6）平均无故障时间：MTBF ＞ 25000h。

（7）通信口：1 个 RS-232。

（8）数据存储容量：16M 字节。

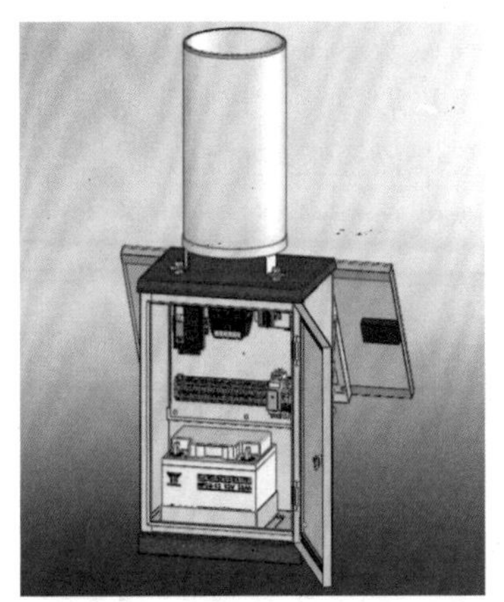

一体化雨量站

四、联宇 UNYTECH 省市级山洪灾害预警系统 V1.0

1. 产品简介

省、地市级山洪灾害监测预警信息管理平台是全国山洪灾害防治非工程措施项目建设的重要内容。《UNYTECH 省地市级山洪灾害监测预警信息管理系统》主要功能包括：汇集辖区内县级监测预警平台的实时监测预警等各类信息，对汇集的数据进行分析整理、汇总统计、共享上报；为省、地市级防汛及有关部门及时掌握情况，了解山洪灾害防御态势，进行监督指导提供支持。

2. 技术参数

（1）对软件系统的各类人机交互操作、信息查询、图形操作等应实时响应，用图形、文本和表格方式在计算机上展现，具有报表打印功能，操作简单易用。

（2）采用 WebGIS 方式执行 GIS 的分析任务。通过标准的浏览器（如 IE）访问地图服务，水雨情信息、预警响应信息均能在 GIS 上进行可视化处理查询，具备雨量等值线、等值面等绘制功能。省、市级系统采用 1：25 万电子地图，放大显示到县以下时，推荐采用 1 ：5 万的电子地图（属涉密信息，应按照有关保密规定使用）、卫星遥感图像、航空影像图。

山洪灾害预警系统 V1.0

（3）WEBGIS 响应速度小于 5s；复杂报表响应速度小于 5s；一般查询响应速度小于 3s。省级应用软件系统需支持大数据量信息的快速查询、统计和表现。

五、联宇 UNYTECH 水厂三维展示系统

1. 产品简介

供水工程三维展示系统是建立在三维 GIS（地理信息系统）平台上的综合信息化系统，在这平台上可以实时查看各泵站工作参数、水位、各流量点流量值、各视频点的视频监控。同时，项目现场建筑做精细建模，可加入模型内部查看设备真实情况，并可查看设备运行参数。

系统功能主要包括供水工程实时数据、报警查看，供水工程报表数据查看、遥感影像、三维场景和地形为背景进行监控，并将三维视野、视角与摄像机预置位双向联动，使监控与环境融为一体，实现供水工程和三维展示系统联动及监控。

水厂三维展示系统

2. 技术参数

（1）系统响应时间。除部分需要计算的功能模块外，其余所有功能的响应时间应控制在 1 ～ 3s 之间，电子地图响应时间在 5s 以内，计算功能的响应时间不超过 1min。

（2）运行时间。如系统处在长时间运行的功能，应在启动该功能或在运行时给用户提示，防止假死现象，同时尽可能提高运行效率。

（3）系统应能够连续 24h 不间断工作，平均无故障时间大于 1 年，出现故障应能及时报警。

（4）系统应具备自动或手动恢复措施，自动恢复时间小于 15min，手工恢复时间小于 12h，以便在发生错误时能够快速地恢复正常运行。

（5）软件版本易于升级，能适应山洪灾害监测预警系统相关的标准，任何一个模块的维护和更新以及新模块的追加都不应影响其他模块，且在升级的过程中不影响系统的性能与运行。

（6）支持多种硬件平台，采用通用软件开发平台开发，具备良好的可移植性，支持与其他系统的数据交换和共享。

六、基于网络的水雨情遥测系统软件

1. 产品简介

水雨情遥测系统能自动采集、存储水位雨量遥测点的水雨情信息，实时监测水位、雨量的变化，建立实时、历史水雨情数据库，能与本地计算机水情局域网共享水雨情信息；将采集到的数据进行统计分析，按日、月、年来通过图表和图形来展示相关数据信息，同时体现各种数值的查询，并自动生成可打印的报表，并还设置超警戒报警栏目。

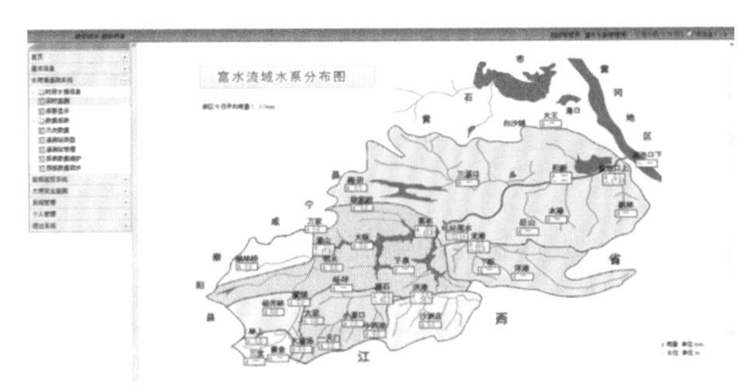

基于网络的水雨情遥测系统软件

水雨情遥测系统是监测人员查看辖区水雨情情况的主要平台，提供适合水雨情监测监视部门开展工作的独特办公环境，将日常事务通过信息化方式处理，实现办公自动化，大大提高工作效率，节约人力资源。

本系统适用于各种灌区、水库、流域等的水情，雨情测量，不受地形、天气等环境的限制。也可和灌区水费及水务公开系统、闸门监控系统、泵站监控系统相结合，形成一套完整的水库、灌区调度管理系统。

2. 技术参数

（1）系统响应时间。除部分需要计算的功能模块外，其余所有功能的响应时间应控制在1～3s之间，电子地图响应时间在5s以内，计算功能的响应时间不超过1min。

（2）运行时间。如系统处在长时间运行的功能，应在启动该功能或在运行时给用户提示，防止假死现象，同时尽可能提高运行效率。

（3）系统应能够连续24h不间断工作，平均无故障时间大于1年，出现故障应能及时报警。

（4）系统应具备自动或手动恢复措施，自动恢复时间小于15min，手工恢复时间小于12h，以便在发生错误时能够快速地恢复正常运行。

（5）软件版本易于升级，能适应山洪灾害监测预警系统相关的标准，任何一个模块的维护和更新以及新模块的追加都不应影响其他模块，且在升级的过程中不影响系统的性能与运行。

（6）支持多种硬件平台，采用通用软件开发平台开发，具备良好的可移植性，支持与其他系统的数据交换和共享。

七、联宇工险情会商支持系统

1. 产品简介

工险情会商支持系统以集成GIS地理信息系统应用支撑平台为基础，依托数据库，并以各专业应用系统为主体，集成其他系统采集的数据，完成对干堤相关信息的查询，保障防汛预案的制定、保证防汛信息通过网络安全的进行流通等功能。工险情会商支持系统包括基本信息建立、数据获取、信息查询及分析、工险情会商管理、处理结果上报与处理结果存档等功能模块。

工险情会商支持系统完成了工程基本情况、堤防工程、物料储备、水深、险情、工程部分灾情和流域雨水情等相关信息的采集入库，通过图形的采集和矢量化处理建立流域图、防洪形势图、河道图，采用数据库技术设计开发堤防空间数据库、实时险情数据库和防汛料物数据库，通过电子地图与数据库的连接浏览和查询工程基本情况、堤防工程、物料储备、假堤水深、险情和流域雨水情等信息，为工情险情会商提供支持。会商支持的各决策要素以最简明直观的形式展示给决策者，以帮助决策者快速准确地了解形式、分析判断各种调度方案的利弊，辅助他们更好地做出正确的决策。

联宇工险情会商支持系统

利用先进的GPS、RS、GIS技术，实现对干堤基础地理信息的采集、录入、编辑、存储、查询、分析、显示、输出、信息更新待功能。系统权限控制将根据单位、部门、职务、角色四个属性来控制某一特定用户所拥有的系统操作权限。采用成熟稳定的J2EE技术，同时使用Webservice作为接口设计，操作方便灵活。

2. 技术参数

（1）系统响应时间。除部分需要计算的功能模块外，其余所有功能的响应时间应控制在1～3s之间，电子地图响应时间在5s以内，计算功能的响应时间不超过1min。

（2）运行时间。如系统处在长时间运行的功能，应在启动该功能或在运行时给用户提示，防止假死现象，同时尽可能提高运行效率。

（3）系统应能够连续24h不间断工作，平均无故障时间大于1年，出现故障应能及时报警。

（4）系统应具备自动或手动恢复措施，自动恢复时间小于15min，手工恢复时间小于12h，以便在发生错误时能够快速地恢复正常运行。

（5）软件版本易于升级，能适应山洪灾害监测预警系统相关的标准，任何一个模块的维护和更新以及新模块的追加都不应影响其他模块，且在升级的过程中不影响系统的性能与运行。

（6）支持多种硬件平台，采用通用软件开发平台开发，具备良好的可移植性，支持与其他系统的数据交换和共享。

八、UNYTECH灌区排水应用管理系统

1. 产品简介

排水管理应用系统主要应用于河套灌区管理总局灌排管理处、总排干沟管理局、各管理局灌排管理科室以及各管理所业务部门，实现排水量、排盐量、矿化度网络上报、集中统计以及排水系统的信息查询、远程管理、统计分析等功能，方便业务人员提高业务管理水平。

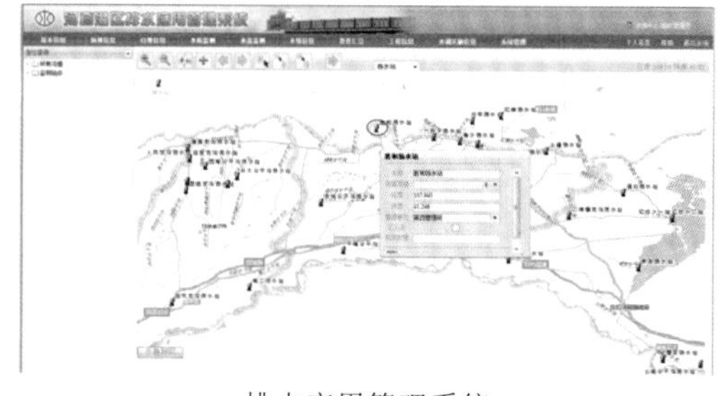
排水应用管理系统

2. 技术参数

（1）系统响应时间。除部分需要计算的功能模块外，其余所有功能的响应时间应控制在1～3s之间，电子地图响应时间在5s以内，计算功能的响应时间不超过1min。

（2）运行时间。如系统处在长时间运行的功能，应在启动该功能或在运行时给用户提示，防止假死现象，同时尽可能提高运行效率。

（3）系统应能够连续24h不间断工作，平均无故障时间大于1年，出现故障应能及时报警。

（4）系统应具备自动或手动恢复措施，自动恢复时间小于15min，手工恢复时间小于12h，以便在发生错误时能够快速地恢复正常运行。

（5）软件版本易于升级，能适应山洪灾害监测预警系统相关的标准，任何一个模块的维护和更新以及新模块的追加都不应影响其他模块，且在升级的过程中不影响系统的性能与运行。

（6）支持多种硬件平台，采用通用软件开发平台开发，具备良好的可移植性，支持与其他系统的数据交换和共享。

九、UNYTECH 灌区水量调度系统

1. 产品简介

建设灌溉调度信息自动化系统，全面掌握整个灌区调水情况、供需水情况、指标分配情况、农作物种植结构情况、水情信息上报、排水情况。实现准确快捷的指令下达与信息反馈，达到及时准确地掌握灌区水资源运行情况。实现指标分配，农作物上报，用水计划，配水方案，水调实施，上报，排水等调水业务。能够方便地利用网络进行查询管理。解放基层管理人员，代替人工简单重复的劳动。

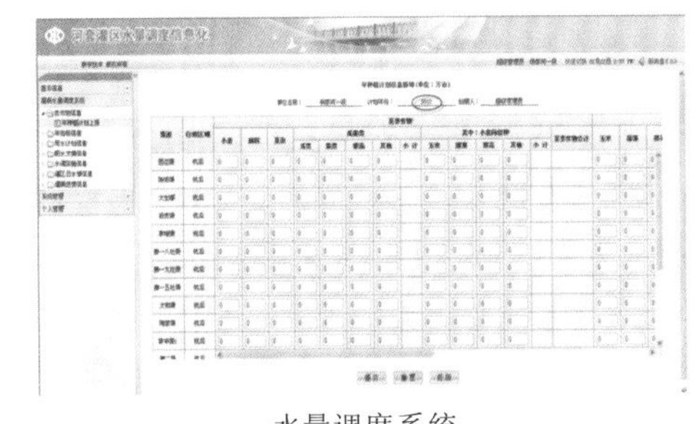

水量调度系统

2. 技术参数

（1）系统响应时间。除部分需要计算的功能模块外，其余所有功能的响应时间应控制在1～3s之间，电子地图响应时间在5s以内，计算功能的响应时间不超过1min。

（2）运行时间。如系统处在长时间运行的功能，应在启动该功能或在运行时给用户提示，防止假死现象，同时尽可能提高运行效率。

（3）系统应能够连续24h不间断工作，平均无故障时间大于1年，出现故障应能及时报警。

（4）系统应具备自动或手动恢复措施，自动恢复时间小于15min，手工恢复时间小于12h，以便在发生错误时能够快速地恢复正常运行。

（5）软件版本易于升级，能适应山洪灾害监测预警系统相关的标准，任何一个模块的维护和更新以及新模块的追加都不应影响其他模块，且在升级的过程中不影响系统的性能与运行。

（6）支持多种硬件平台，采用通用软件开发平台开发，具备良好的可移植性，支持与其他系统的数据交换和共享。

单位名称：武汉联宇技术股份有限公司
单位地址：湖北省武汉市洪山区珞狮路507号
联 系 人：陈鹏　　邮政编码：430070
联系电话：027-87228939　　传　　真：027-87372140
网　　址：http://www.unytech.com　　E-mail：chenziquan@163.com

中国软件与技术服务股份有限公司

公司简介

中国软件与技术服务股份有限公司(简称“中国软件”),是中国电子信息产业集团有限公司(CEC)控股的大型高科技上市企业,承担着“软件行业国家队”的责任和使命。公司拥有系统集成、软件开发、质量保证等众多顶级行业资质。经过多年努力,中国软件形成了较为完善的自主基础软件发展体系,打造了一个从操作系统、数据库、中间件、安全产品到应用系统的产业发展链条;先后承担了数千项国家重大工程项目,在全国税务、信访、安监、应急、政法、审计、烟草、交通、金融、物流、能源、工商等国家信息化“金”字系列工程领域拥有众多客户群体。

四川中软科技有限公司是中国软件的控股子公司,是中国软件西南地区业务全面延伸、拓展和发展的区域性平台。四川中软以政府应急行业信息化建设为主业,立足四川、辐射西南、面向全国,专注于3S和物联网技术的应急行业解决方案研究,专注于数字和智慧城市的建设和营运,目前,已建立起以政府应急为核心,以民政减灾救灾、山洪灾害防治、地质灾害监测预警、森林防火、交通应急、区域卫生、社会创新、物流信息平台、消防应急、食品药品溯源、智慧城市等12个应急行业为主体的业务体系。

优秀产品推荐

3S山洪灾害防治监测与预警指挥系统

1. 产品简介

3S山洪灾害防治监测与预警决策指挥系统是提高山洪灾害防御能力,有效减少人员伤亡和财产损失,尤其是有效避免群死群伤事件的重要系统。系统是包括水雨情监测、山洪灾害预警预报、山洪灾害GIS展示、预警响应、分析与指挥调度、调查评估、基础信息查询等功能于一体的信息化平台,能够实现信息化基础之上的山洪灾害预警预报功能,同时还能极大地提高对防灾减灾工作管理的信息化水平,为灾害的预防治理提供辅助决策。

山洪灾害的防治坚持“以防为主,防治结合”的原则。建设3S山洪灾害监测预警系统是及时规避风险,避免或减少因山洪灾害导致的人员伤亡和财产损失的重要措施,是有效防御山洪灾害实施指挥决策和调度以及抢险救灾的保障,在山洪灾害防治中具有举足轻重的地位。

2. 主要功能

(1)基础信息查询。

山洪灾害防御工作需要大量的基础信息支持,系统具备县村基本情况、小流域基本情况、监测站基本情况、县乡村预案、历史灾害情况、工情信息、测站预警规则等信息查询服务。

(2)水雨情监测查询。

水雨情监测查询主要用于实时监视水雨情状况,查询统计水雨情信息。系统分为测站报警、雨情分析、水情分析、水库水情四大部分。

(3)气象国土信息服务。

系统提供数据接口,可实现省、国家及相关部门天气预报、实时雨量信息、实时水情、实时卫星云图等气象信息共享。

(4)预警发布服务。

预警流程:预警事件触发—内部预警—外部预警—启动响应—响应反馈—结束响应—调查评估—

案例入库。

（5）应急响应服务。

此功能分为响应工作流程、响应地图、响应列表、响应措施、响应反馈。

（6）数据上报。

系统通过数据上报程序，将实时雨情、实时水情、预警信息、响应信息、响应反馈、灾情信息按照一定的报文格式上报给上级部门。

（7）群测群防。

群测群防系统建立县、乡（镇）、村、组、户五级山洪灾害防御责任制体系，完善乡（镇）、村一级的群测群防组织指挥机构，明确各级责任人员和相应职责，提高发生突发山洪灾害时的自救能力。

（8）应急职守。

此功能分为人工报警、语音管理、传真管理。

（9）指挥调度。

共分为缓冲区分析、道路分析、距离测量、泥石流模型、态势展现、人员调度、资源调度、标绘等几部分。

（10）三维展示。

通过集成遥感（打），地理信息系统（GIS）和三维仿真技术（VR）建立的三维可视化虚拟仿真地理信息系统。相对于二维地图而言更加直观、方便，能更准确地展现地理事物真实面貌，在山洪灾害演示及应急指挥领域发挥着重要的作用。

（11）手机终端（水务通）。

系统提供收集终端，用户安装手机终端后可以用手机在任何能够接收到手机信号的地方查询实时水雨情和报警信息。

工程案例

中国软件公司拥有系统集成和政府信息化项目方面诸多顶级资质，可以提供从设计到建设、从研发到产品、从硬件到软件、从底层 IT 基础设施到顶层业务系统，全面的服务和实施能力。截止到目前，中国软件公司在西南地区累计中标二十多个项目，累计中标金额将近 2 亿元，充分体现了中国软件公司在山洪灾害防治非工程措施建设这一领域的技术优势。

部分工程实例如下：

峨边彝族自治县山洪灾害防治非工程措施项目、峨眉山市山洪灾害防治县级非工程措施建设项目、青川县山洪灾害防治及预警系统建设项目、九寨沟县农业水务局山洪防治及防汛预警系统项目、雅安市山洪灾害防治县级非工程措施建设项目、泸州市山洪灾害防治县级非工程措施建设项目、甘孜藏族自治州山洪灾害防治县级非工程措施建设项目。

单位名称：中国软件与技术服务股份有限公司
单位地址：北京市昌平区昌盛路 18 号
联 系 人：魏芳　　邮政编码：100081
联系电话：028-65027888　　传　　真：028-61557606
网　　址：http://www.css.com.cn　　E-mail：weifang@css.com

北京奥特美克科技股份有限公司

公司简介

公司办公环境

北京奥特美克科技发展有限公司成立于 2000 年，2012 年 10 月公司完成了股份制改造，更名为北京奥特美克科技股份有限公司，地处中关村核心地带上地信息产业基地国际科技创业园，专业从事水利信息化项目的规划设计、咨询评估、软硬件产品开发与服务。

公司研发生产的水文水资源测控终端、雨量计、无线广播预警设备、水质自动监测站等设备和众多软件产品，具有全国工业产品生产许可证、实用新型专利、软件著作权证、北京市自主创新等多项专利和证书，数万台套设备在水利及相关行业得到广泛应用。公司凭借技术和产品优势承建了生态环境监测系统、城市水资源实时监控与管理系统、中小河流水文监测系统、山洪灾害监测预警系统等数百个水利信息化建设项目。

公司会议室

奥特美克人有信心和能力，把奥特美克打造成世界级水利信息化产品和服务供应商。不断为人类的防灾减灾、水资源合理利用、水生态修复作出新贡献。

优秀产品推荐

一、奥特美克水资源信息服务系统

1. 产品简介

奥特美克水资源信息服务系统适用于国家水资源能力建设和各省市水资源监控与管理系统的建设。系统可针对省、市、县三级进行信息服务。

2. 产品功能

（1）信息服务子系统。监测信息服务（检测对象：地表水水源地、地下水水源地、取用水户、自来水厂、地下水超采区、入河排污口、河道断面、水功能区、饮用水水源地等）、综合信息服务（信息查询、汇总和报表）和信息发布管理等。

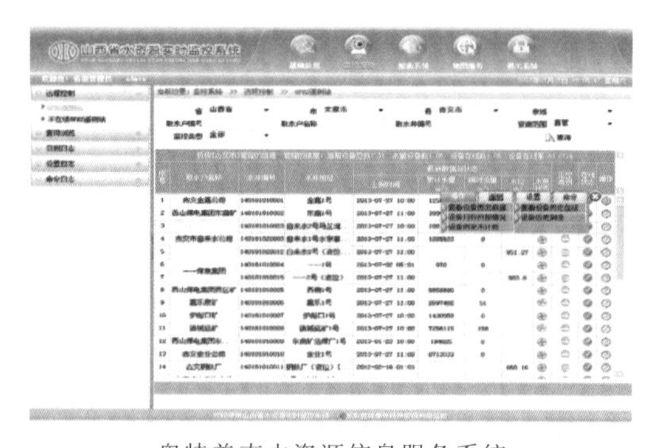
奥特美克水资源信息服务系统

（2）业务管理子系统。供水管理（饮水水源地管理、地下水管理、供水工程管理、城市水务供排水管理）、用水管理（水资源论证管理、取水许可管理、水资源费征收管理、水资源费使用管理、计划用水管理和节水管理）、水资源保护（水功能区管理、入河排污口管理、水生态系统保护与修复）、水资源调配（需水成果管理、水资源调配成果管理）和综合统计管理等。

（3）基础信息子系统。基本信息管理（自然对象管理、管理对象管理、工程与设施对象管理、水资源专题信息对象管理、文档管理、多媒体信息管理）、枚举信息管理和空间信息管理等。

（4）系统管理子系统。用户管理、角色管理、角色权限管理、模块菜单配置、系统信息配置、操作日志管理、数据库管理、通信服务软件管理和修改密码等。

3. 产品特点

通过首页展示各子系统的主要监测和分析成果、展示已审批和待审批工作，进行三条红线监督预警等；同时可链接信息服务子系统、业务管理子系统、基础信息子系统、GIS地图及系统管理子系统等主要功能模块。

在架构设计时综合考虑了高内聚、低耦合、易扩展、易维护、跨平台、跨数据库等要求。

支持多线程数据处理、高并发访问处理等性能指标要求。

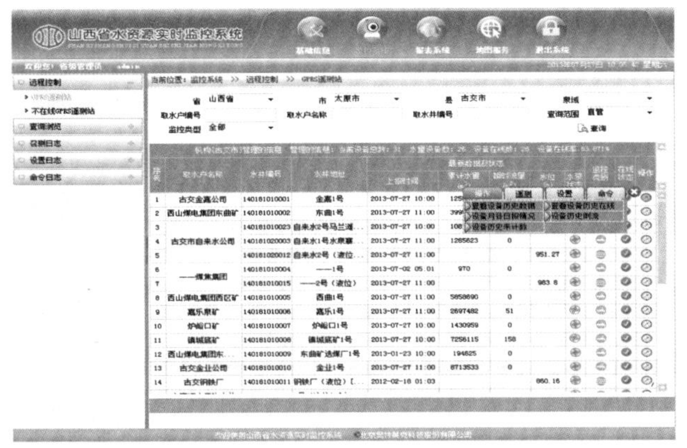

山西省水资源信息服务系统（1）

山西省水资源信息服务系统（2）

山西省水资源信息服务系统（3）

山西省水资源信息服务系统（4）

单位名称：北京奥特美克科技股份有限公司
单位地址：北京市海淀区上地西路8号中关村软件园10号楼208
联 系 人：翟素利　　　　邮政编码：100193
联系电话：010-82894255-8003　　　　传　　真：010-82894252
网　　址：http://www.automic.com.cn　　　　E-mail：zhaisuli66@163.com

广州科灿信息科技有限公司

公司简介

广州科灿信息科技有限公司成立于2006年，是一家技术领先的大屏幕拼接显示系统整体解决方案提供商。

科灿科技自创办至今已成功为全国超过数十家大屏幕拼接墙生产厂家、专业集成商及超过1500家最终用户提供产品及专业服务，业务涉及政府、公安、军队、交通、能源、水利、电力等领域，积累丰富的行业经验。

科灿科技以广州为中心（总部位于广州科学城），同时建成北京、上海、重庆、山西、湖北、湖南等平台，拥有完善的销售网络及服务平台。

公司理念：（绿色拼接　科灿视界）科灿科技作为“绿色拼接”倡导者，一直致力于为用户提供稳定、高亮、高清、极致色彩的大屏幕显示系统解决方案。在满足客户需求同时展现科灿科技绿色、环保的拼接理念。

优秀产品推荐

一、DLP投影拼接显示单元

1. 产品简介

科灿科技的KCS系列高清高亮DLP投影显示单元，采用行业最新技术的热导管液体冷却技术，配合先进的光学和双CPU双电源电路、机械系统及防尘设计，是行业内技术含量最高、亮点功能最优秀的系列产品。超具稳定性能，光源寿命超过60000h。

广泛运用于监控中心，调度系统，指挥中心，会议室，电视台演播室等行业以及场所。

2. 技术参数

见表1。

表1　　显示单元参数表

屏幕	屏幕尺寸	50/60/67/70/72/80/84in
	类型	复合玻璃、纯树脂可选专业背投屏幕
	视角	水平160°，垂直120°
	物理拼缝	≤0.5mm（已包含现场热胀冷缩空间）
投影机参数	显示技术	DLP技术（0.95″/0.7″DMD，12°　LVDS）
	分辨率	1024×768(XGA)，1400×1050（SXGA+），1920×1080(HD)
	投影机亮度	800～1600lx
	输入同步	水平15～120kHz　垂直25～120Hz
	对比度	200000：1（动态）
	均匀性	≥95%
光源类型	光源类型	LED（RGB×6）液冷/UHP单灯/UHP双灯/激光/混合光源
	光源寿命	超过60000h
	色温	3200K/6500K/7500K/9300K/另设两组自定义色温

续表

<table>
<tr><td rowspan="16">端口</td><td rowspan="6">输入端口</td><td>基本版</td></tr>
<tr><td>DVI-D</td></tr>
<tr><td>标准版</td></tr>
<tr><td>DVI（DVI-I，可兼容VGA）×2；CVBS×2</td></tr>
<tr><td>增强版</td></tr>
<tr><td>DVI-I（兼容VGA）×2；DVI（DVI-I接口）；HDMI（HDMI A接口）；CVBS（BNC接口）；S-VIDEO（mini-DIN接口）；RGBHV（兼容YPbPr，BNC接口）</td></tr>
<tr><td rowspan="4">输出端口</td><td>标准版</td></tr>
<tr><td>DVI</td></tr>
<tr><td>增强版</td></tr>
<tr><td>CVBS（BNC接口）；S-VIDEO（mini-DIN接口）；DVI（DVI-I接口）</td></tr>
<tr><td rowspan="6">控制端口</td><td>基本版</td></tr>
<tr><td>IR红外；RS-232输入，CAN BUS环接；以太网</td></tr>
<tr><td>标准版</td></tr>
<tr><td>IR红外；RS-232输入及RS-485环接</td></tr>
<tr><td>增强版</td></tr>
<tr><td>IR红外；RS-232输入及RS-485环接；以太网</td></tr>
<tr><td rowspan="3">工作条件</td><td>功耗（整机）</td><td>低至100W</td></tr>
<tr><td>电源</td><td>AC 100～240V（±10%）50/60Hz</td></tr>
<tr><td>工作条件</td><td>温度：5～35℃，湿度：20～85%无冷凝</td></tr>
<tr><td colspan="2">MTBF（平均无故障时间）</td><td>50000h</td></tr>
<tr><td colspan="2">产品认证</td><td>ISO,CE,CCC,ROHS,WEEE</td></tr>
</table>

3.产品特点

（1）科灿科技KCS系列采用最新DMD芯片，普清XGA（1024×768），高清SXGA+（1400×1050），全高清HD（1920×1080）分辨率显示图像。

（2）采用双CPU设计，双CPU平行分散处理，让系统反应速度更快，提高信号质量。

（3）采用的LED光源，无色轮结构，没有彩虹效应，显示的图像色彩逼真自然。

（4）自动亮度调整，保证整个拼墙显示亮度的长期均匀性。

（5）采用复合玻璃幕，观看角度为垂直视角120°，水平视角大于等于160°，增益达2.4，亮度均匀度可达95%以上，物理拼缝仅为0.5mm。

（6）LED光源为固体光源，拥有超过60000h的超长使用寿命，UHP光源为超过6000h。

（7）KCS系列LED光源采用热导管液体冷却散热技术，机芯散热更加高效，保证LED灯维持更高的亮度、更高稳定性与更长的寿命。

二、KCS系列高清高亮显示单元

1.DID液晶（LCD）单元

（1）高亮度。DID液晶屏的亮度可达700～1000cd/m²。

（2）高对比度。DID液晶屏具有4500∶1对比度。

（3）更好的彩色饱和度。DID LCD可以达到92%的高彩色饱和度。

DID液晶单元，适用于一般会议系统及商业领域

（4）更宽的视角。可视角度达双178°以上（横向和纵向）。

（5）亮度均匀，影像稳定不闪烁。亮度均匀、画质高而且绝对不闪烁。

（6）更长使用寿命。寿命可达10万h以上。

（7）超薄窄边设计。拼接专用的液晶屏，其优秀的窄边设计，拼缝6.7mm。

（8）接入信号可开多模式窗口。每台DID液晶显示单元可同时接入4路外部信号，无需外接多屏图形处理器即可实现画面单屏显示，全屏显示、多屏组合显示。

2.PDP等离子单元

PDP等离子单元，适用于体育场所等播放运动画面的场合

（1）超高分辨率。支持全高清影像播放，画面清晰细腻，稳定无闪烁。

（2）超高亮度。亮度达1700cd/m^2。

（3）超高对比度。拥有1000000 ∶ 1超高对比度。

（4）超宽视角。水平、垂直178°双向大视角，全方位捕捉视线。

（5）600Hz子场扫描驱动，超强动态表现力。画面稳定、无闪烁，动态清晰度优秀，提供更清晰，流畅的画面。

（6）数码影像色彩再现，还原真实色彩。还原自然、真实色彩，色彩还原度达到97%。

（7）超长使用寿命60000h。

（8）0.001ms响应速度。动态画面更加流畅、自然，几乎看不到任何拖影现象。

多屏信号处理器

三、SG系列多屏信号处理器

1.产品简介

SG系列多屏信号处理器为纯硬件结构，无CPU和操作系统，电源冗余备份，确保系统的高可靠性，连续运行，可以7×24h持续工作，启动时间小于5s。具有业务自动恢复功能，支持热插拔和信号特征记忆功能。

2.技术参数

见表3。

表3　多屏信号处理器参数

计算机输入信号	
数量	4-72路DVI数字信号/RGB模拟信号
连接头	DVI-I（数字）/ VGA（模拟）
输入分辨率	640×350、640×400、720×400、640×480、848×480、800×600、848×480、1024×768、1152×864、1280×720、1280×768、1280×960、1280×1024、1360×768、1400×1050、1440×900、1600×1200、1680×1050、1792×1344、1856×1392、1920×1080、1920×1200
色彩深度	32bit/像素
水平扫描	15～90kHz隔行或非隔行
同步类型	绿色同步，分离复合同步或分离水平垂直同步；
图像控制	移动、变形、变焦、亮度、对比度、色温；
视频输入信号	
数量	4～72路视频信号

续表

制式	PAL、NTSC、SECAM
连接头	BNC、YPbPr、HDMI
图像控制	移动、变形、变焦、亮度、对比度、色温
输出信号	
数量	2 ～ 72 路 DVI 数字信号 /RGB 模拟信号
输出分辨率	800×600、1024×768、1280×720、1280×1024、1360×768、1440×900、1600×1200、1680×1050、1920×1080、1920×1200 像素（用户可通过控制软件自行添加输出分辨率），刷新频率为 60Hz
色彩深度	32bit/ 像素
同步类型	绿色同步，分离复合同步或分离水平垂直同步
连接头	数字信号：DVI-I；模拟信号：VGA
控制	10/100M 以太网；RS-232
机箱尺寸	3RU：438(L)×365(W)×135(H)mm 8RU：438(L)×365(W)×360(H)mm 12RU：438(L)×365(W)×540(H)mm
重量	20kg（净重）
工作环境	工作温度：0 ～ 40℃
	相对湿度：20% ～ 80%（不冷凝）

3. 产品特点

（1）数据运算能力强大，总线宽度达到 180G。

（2）支持高清信号格式输入和输出、具有输入信号特征记忆功能。

（3）RGB 和 Video 窗口可任意漫游、叠加、缩放。

（4）支持网络控制。

（5）系统支持热插拔、具有业务自动恢复功能。

（6）纯硬件结构、无操作系统、电源冗余备份、稳定性高。

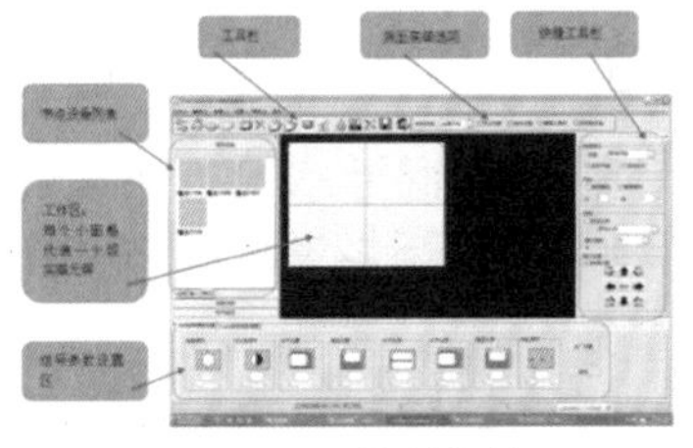

VWCS 大屏控制软件

四、VWCS 大屏控制软件

VWCS-SP 大屏幕管理软件配套 spider 系列处理器使用，支持 WinNT/Win2000/WinXP/Win7 系统。

总参某部项目

海南考试局项目

山西省公安厅项目

单位名称：广州科灿信息科技有限公司
单位地址：广东省广州市科学城南云五路 11 号光正工业园 D 栋 2 楼
联 系 人：阚德进　　邮政编码：510663
联系电话：010-82358021　　传　　真：010-82358121
网　　址：http://www.kcservice.cn　　E-mail：kandj@kcservice.cn

华北水利科技

ISO9001:2008国际质量认证

科技领先 服务农业

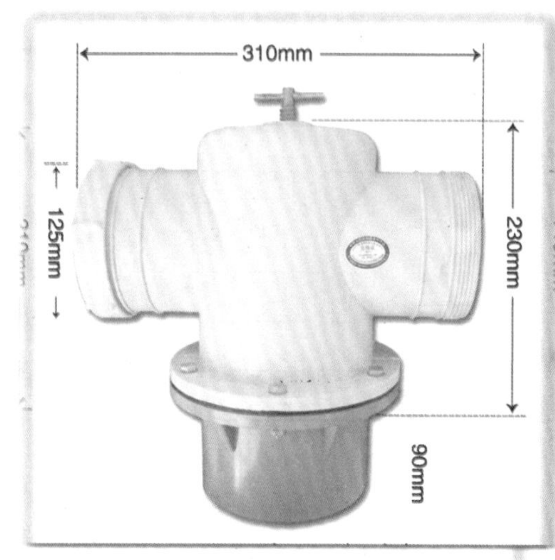

玻璃钢给水栓（出水口）
HDGS型Φ125（双向）

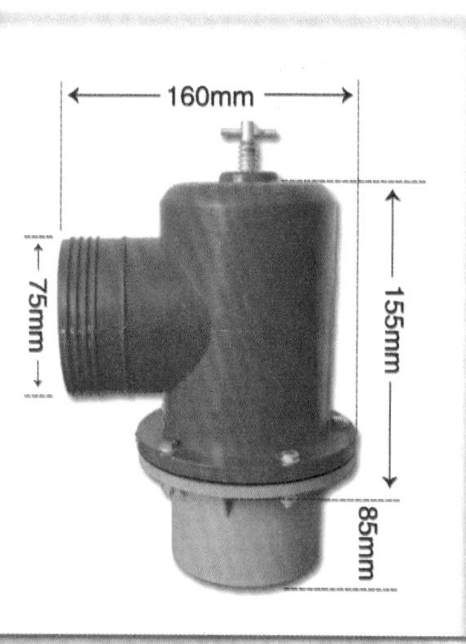

玻璃钢给水栓（出水口）
HDGS型Φ75

玻璃钢给水栓（出水口）

户外式射频卡机井灌溉控制装置

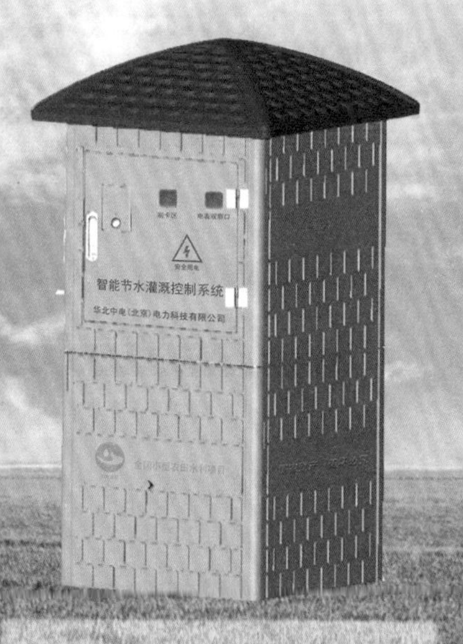

SMC 高强度玻璃钢机井房

公司地址：北京市大兴工业开发区
联系电话：010-69273111
网　　址：http://www.cnclp.cn
邮政编码：102628
传　　真：010-67992858
E-mail：cnclp@cncpl.cn